中国轻工业"十三五"规划教材

Printing & Technology

印刷
与工艺

张 姝 胡晓曦 侯锐淼 **编著**

总主编

肖
勇

中国轻工业出版社

图书在版编目（CIP）数据

印刷与工艺 / 张姝，胡晓曦，侯锐淼编著. —北京：
中国轻工业出版社，2024.8

中国轻工业"十三五"规划教材

ISBN 978-7-5184-1891-6

Ⅰ . ①印… Ⅱ . ①张… ②胡… ③侯… Ⅲ . ①印刷—
生产工艺—高等学校—教材 Ⅳ . ①TS805

中国版本图书馆CIP数据核字（2018）第043538号

内 容 提 要

本书从不同的角度与层次对印刷工艺进行全面而细致的讲解，知识性与实务性相结合，引导学生从理论走向实践。本书详细讲解了印刷的基本知识，让读者对印刷行业有个简单但不粗略的框架式理解，对现代四大印刷方式分专题进行细致全面的介绍；对印刷中的重要物料、操作等实务知识进行深入描述。本书在编写的过程中力求体现严谨的科学性和鲜明的时代特色，书中资料翔实准确，所选图例都是来自国内外印刷领域的成果，可读性与参考性较强。本书适用于高等院校艺术设计专业教学，帮助学生全面掌握并了解印刷材料与工艺。

责任编辑：王　淳　李　红　　责任终审：孟寿萱　　封面设计：锋尚设计

版式设计：锋尚设计　　　　　　责任校对：吴大朋　　责任监印：张京华

出版发行：中国轻工业出版社（北京鲁谷东街5号，邮编：100040）

印　　　刷：艺堂印刷（天津）有限公司

经　　　销：各地新华书店

版　　　次：2024年8月第1版第3次印刷

开　　　本：889×1194　1/16　印张：8

字　　　数：250千字

书　　　号：ISBN 978-7-5184-1891-6　定价：48.00元

邮购电话：010-85119873

发行电话：010-85119832　010-85119912

网　　　址：http://www.chlip.com.cn

Email：club@chlip.com.cn

前言 PREFACE

印刷在生活中随处可见，纸、塑料、木材、金属都是常见的印刷媒介，但是印刷并不平凡。当回望印刷的发展历程时，会发现印刷带给我们的又何止是图案与文字，它是社会文明的进步。

我国古代，印刷的意义更多地体现在文化与知识的传承上。从最早的印章和拓印开始，印刷在人们的文化和社会生活中起到了越来越大的作用，隋唐时期，随着雕版印刷的成熟，中华文明也来到了在封建时代经济、文化、政治上的一个全面的盛世。在这之后，印刷的角色也悄然发生着转变。宋代，繁荣的商业发展随着活字印刷的发明，印刷开始更多地参与人们的经济、文化生活，不仅体现在纸币的印刷，其他形式的印刷也开始进一步发展，如一些简易的包装印刷、丝绸布料的印刷等。这种商业性印刷随着封建时代的终结和西方先进印刷技术的引进，在民国时期获得了快速的发展，为新中国以后的印刷多元化发展奠定了基础。

改革开放后，我国的印刷进入了一个新的时代，报纸印刷、书籍印刷、广告印刷、包装印刷、特种印刷全面发展，印刷在经济中发展的作用也越来越大。随着数字印刷技术的发展，印刷开始向个性化、大众化的需求发展，并且随着互联网技术的不断成熟发展，未来印刷行业将进入一个新的阶段。

本教材从印刷工艺的基础知识讲起，遵循循序渐进的规律，逐步过渡到印刷工艺的实务。结合当前行业的发展现状，有选择地介绍了胶版印刷、柔性版印刷、凹版印刷、丝网印刷四大现代印刷方式，不仅涉及印刷中重要实用的材料知识，也对印刷过程中会出现的问题进行了专门的解析。本书不仅让读者对从原稿设计转入印刷环节的过程描述易于理解，而且以图为辅，使之清晰展现，简洁明了，既便于课堂教学中的实际操作，也便于读者自修。

本书在肖勇教授的指导下完成，感谢为本书编写提供资料、图片的同事、同仁，他们是姚丹丽、柏雪、李平、张达、杨清、刘涛、万丹、汤留泉、刘星、胡文秀、向芷君、李帅、汪飞、张文轩、马文丹、史凡娟、祝旭东、王涛、袁郎、曹玉红、窦真、黄晓峰。

编者

目 录
CONTENTS

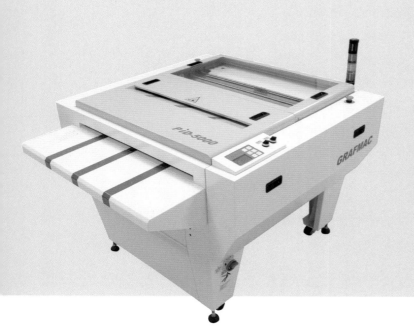

第一章
印刷基本概念

学习难度：★★☆☆☆
重点概念：活字印刷、印刷分类、
　　　　　颜色复制、阶调复制

◀ 章节导读

　　印刷与我们的生活息息相关，随处可见，但这并不意味着我们很了解印刷。孙中山曾经说过："印刷是（文明）进步之母。"那么印刷是什么？当我们谈起印刷时我们在谈什么？本章我们将首先随着历史的进程，来探索印刷的本质与发展规律，展望未来印刷行业的发展。同时，从本章开始，以理论结合实务的精神，在介绍印刷的含义与分类的同时，着重讲述现代印刷的重要的基本原理，为对印刷的实际操作与深层次理解打下基础（图1-1）。

图1-1　印刷品

第一节　印刷的历史渊源与发展

一、文字的产生

　　文字是记录语言的符号，是人类步入文明时代的一个重要标志。有了文字，语言不再受时间和空间的限制。

　　文字表现的变化过程是：结绳记事→画图记事→甲骨文→金文→小篆→隶书→楷书→行书→草书→简化字。

　　中国最早的文字是从"结绳记事"、"刻木记事"开始的。人们把需要记忆的事情，按照不同的情节，在绳子上结成不同大小和形状的扣结。事大绳结大，事小绳结小。刻木，就是在木板、竹片、石上刻下不同长短宽窄的条痕，留作记忆的凭证，以便日后查考。

　　随着结绳记事和刻木记事进一步发展和完善，出现了画图记事。亦即把与周围环境有密切关联的动、植物和各种物体的实际形状，作为符号刻画在石木或穴壁上，用以记事。这些画图就是文字的原始形状。画图记事方便了记忆，但仍无法明白无误地传达信息，经过一个相当长的习惯、修改、约定、规范的演进过程，产生了以字像物形为特征的文字，也就是象形文字。

几千年来，汉字的基本构造没什么变化，只是字体的变化比较大。最古的汉字字体是甲骨文，即用尖石在龟甲或兽骨上刻出的象形文字，年代约在殷商。稍后是周代，以至春秋、战国时代的大篆（也称为金文、钟鼎文），秦代的小篆，汉代的隶书，魏晋南北朝、唐、末、元、明、清的楷、行、草书，直至今天的简化字（图1-2、图1-3）。

二、纸

简、丝帛、纸、笔、墨的相继发明，为文字的存留创造了必要的物质基础。

大约在印刷术发明前1000年的时候，我国就出现了毛笔，当时用兔毫作笔头，以细竹为笔杆，蘸朱砂之类的有色物料在竹简、丝帛之类的载体上涂画。毛笔涂画便捷、经久耐用，历代相传，不断改进，成为上好的书写工具沿用至今。

公元2世纪初，东汉和帝年间，蔡伦总结了前人抄造纸张的经验，采用树皮、麻头、破布等造纸原料，制成了质地优良的植物纤维纸，称为"蔡修纸"（图1-4）。纸张具有轻便柔软、韧性良好、制造容易、价格便宜等优点，是十分合适的书写材料，很快地取代了笨重的竹简和昂贵的丝帛。

三、盖印与拓石

从印刷技术的角度来看，印章相当于印版，盖印即是印刷，而刊刻印章，则属制版。印章，初期只作信凭之用，面积很小，通常刻的是姓名或官衔。到了公元4世纪的晋朝，出现了面积较大的印章，据典籍所载，这时已有120个字的印章。用120个字的印章盖的印，得到了应该是一篇短文的复制品了。

早期的印章，多是凹入的反写阴文，印在泥土上，得到的是凸起的反写阳文印章，印在纸上得到的是白地黑字的正写文字。这种从反写阳文取得正写文字的复制方法，已经孕育着雕版印刷术的雏形（图1-5）。

拓石是印刷术发明的另一渊源。春秋以前，在石碑上镌刻文字，民间已广为流传。春秋以后，石碑刻字技术相当娴熟，秦始皇出巡时，到处刻石记功。然后用拓刷的方法把石碑上的字拓印下来，称为碑帖，

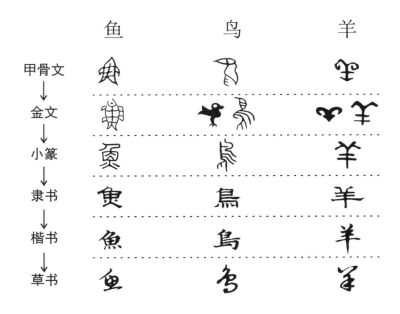

图1-2 汉字的演进

图1-3 楷书 欧阳询

图1-4　东汉蔡修纸

图1-5　印章

图1-6　雕版印刷

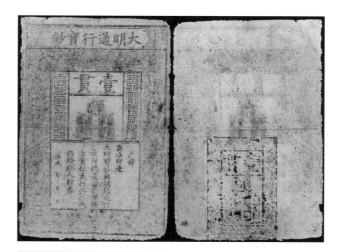

图1-7　明朝的纸币（银票）

可当书用或校正经文。显然，盖印与拓石有异曲同工之妙。

四、雕版印刷术的发明和发展

雕版印刷术是盖印与拓石两种方法发展、合流而形成的。

雕版印刷术的工艺过程如下：把硬度较大的木材刨平、锯开，表面刷一层稀浆糊，然后把写好字的透明薄纸，字面向下贴在木板上，干燥后用刀雕刻出反向、凸起的文字，成为凸版。经过在版面上刷墨、铺纸、加压力后，便得到了正写的文字印刷品（图1-6）。

雕版印刷术，在元、明、清三个朝代，不但印书，还印纸币，中国印刷术最早就是以纸币传入欧洲的（图1-7）。

五、活字印刷的发明和发展

活字版印刷术是宋朝仁宗庆历年间（公元1041~1048年）毕昇发明胶泥活字术，这是我国继雕版印刷之后又一伟大发明。

毕昇发明的活字版印刷，采用泥活字排版，从造字、排版到印刷都有明确的方法，活字版印刷术既经济又方便，具有明显的优越性，因而逐渐取代了雕版印刷术的地位。但缺点是泥活字不易保存，不能用来做第二次印刷（图1-8）。

后人仿效泥活字，又有了瓷活字，木活字，铸造锡活字。明清两代流行了铜活字，铅活字。鸦片战争以后，传统的雕版与活字版逐渐被石印和铅印所取代。

六、西方的印刷发明

　　欧美最早的印刷品出现在公元15世纪，采用木版、铜版刻印圣像、纸牌。后来在刻制的图像上配置文字。中国自唐代以来，丝绸之路远至古罗马，而且与波斯等地贸易频繁，马可波罗的中国之游，也促进了文化方面的交流，可以说，东方的印刷术对欧洲不无影响。

　　公元5世纪中叶，德国人谷登堡用模型铸制铅合金活字排成版面印刷，并参考酿酒用压榨架结构，制成木质印刷架印刷圣经（图1-9）。

　　1798年左右，布拉格人塞内费尔德在石灰石板上绘制图文的印刷方法，称为石印。1868年，人们开始用金属薄板代替印石，可以包卷在圆筒上，用卷筒方法进行印刷。1904年，美国人I.W.鲁贝尔创始将印版上的墨迹经橡皮布转印在纸上，因经橡皮布转印是它的特征，故称为间接印刷，中国习称胶印。

七、印刷的发展趋势

　　彩色印刷品的比重迅速增加，胶印印刷占主导，印后加工技术自动化程度提高，电子技术的广泛运用改变了现有印刷工艺，印刷周期缩短，印刷质量提高（图1-10）。

　　以是否使用印版完成图文转移为标准，印刷可分为有版印刷与无版印刷。从印刷定义不同，可以看出印刷技术的变化和发展，即从依靠印版和压力实现图文复制的传统印刷逐渐转向无版和无压的现代数字技术。

　　针对大众化需求而产生的有版印刷是印刷媒体过去几个世纪经久不衰的关键所在，但是可以预见的是，计算机直接制版技术（CTP）和计算机整合生产技术（CIP）会成为有版印刷技术的必然归宿，同时也会是数字时代印刷产业技术的重要标志。因为CTP技术实现了数字页面（数字胶片）向印版的直接转换，省去了计算机直接制胶片（CTF）技术中必须使用胶片以及配套环节的麻烦，在效率、质量、成本等方面明显优于CTF技术。因此，CTP取代CTF，成

图1-8　活字印刷

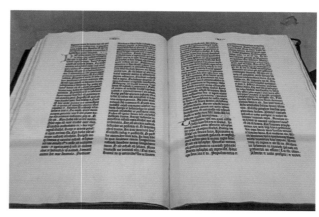

图1-9　古登堡圣经

图1-10 彩色印刷品

图1-11 小型数字印刷机

为下一代印刷技术的主流是印刷产业技术发展的一个必然（图1-11）。

数字印刷是提供个性化需求纸媒体产品的最佳方法，是印刷产业发展的另一个崭新空间，也是实现按

需印刷生产和服务的关键。"0"和"1"时代给印刷产业技术带来的变化是全面和彻底的，触及了印刷产业技术的基础，涉及印刷产业的方方面面。变化已经是正在发生的一个客观事实，而且在不断深化和扩大。

第二节　印刷概述

一、印刷的定义

印刷是指使用模拟或数字的图像载体将呈色剂或色料（如油墨）转移到承印物上的复制过程。国家标准GB9851.1-1990中对印刷的定义是"印刷是使用印版或其他方式将原稿上的图文信息转移到承印物上的工艺技术"。说明印刷是一种对原稿图文信息的复制技术，其最大特点是，除了空气和水之外，印刷能够把原稿上的图文信息大量、经济地再现在各种各样的承印物上，并且其成品还可以广泛地流传和永久地保存，这是电影、电视、照相等其他复制技术所无法与之相比的。

印刷品的生产过程是原稿的设计、排版制作、印刷、印后加工四个工艺过程。现在，人们常常把原稿的设计、图文信息处理、制版统称为印前处理，而把印版上的油墨向承印物上转移的过程称为印刷，这样，一件印刷品的完成需要经过印前处理、印刷、印后加工等过程（图1-12）。

二、印刷的分类

1. 按照印版形式分类

印刷的主要类别有平版印刷、孔版印刷、凸版印刷、凹版印刷。

（1）平版印刷。有时也称为化学印刷，意思是指印刷图像与印刷版位于同一平面上。它是基于"油水不相混"的原理实现印刷的。平版印刷是通过机械或手工把图像呈在石头或金属表面，然后对该表面进行化学处理使得图像部分亲墨，而其他空白部分不亲墨。印刷时，只有亲墨的图像部分转移到纸张上，形成印迹。照相版印刷、影印石版和胶印都属于平版印刷。

（2）孔版印刷。包括誊写版、镂孔花版、喷花和丝网印刷等。孔版印刷的原理是：印版在印刷时，通过一定的压力使油墨通过孔版的孔眼转移到承印物上，形成图像或文字。孔版印刷中应用最广泛的是丝网印刷。

（a）

（b）

图1-12　印刷生产

（3）凸版印刷。是一种最古老的印刷方法。它是使用具有凸起表面的凸版进行印刷的。印刷时，油墨涂在字模的表面，然后压印到纸张上，字模表面的油墨就转移到了纸张表面，形成一个印迹。手排印刷、莱诺整行铸排机印刷、铅版印刷、电版印刷和照相凸版印刷都属于凸版印刷。

（4）凹版印刷。是通过手工或机械雕刻把线划刻去，使印刷版形成一个凹下去的字或图像的一种印刷方法。印刷时，首先把线划或凹槽用油墨填充，再用准备好的纸张压在其上，纸张把油墨粘走。

2. 按照印刷品用途分类

按照印刷品的用途，一般分为报纸印刷、书刊印刷、广告印刷、地图印刷、钞券印刷、包装装潢印刷以及特种印刷等。

（1）报纸印刷。以报纸等信息媒介为产品的印刷，是仅次于书刊印刷发行量的一种印刷。报纸是传播新闻的重要媒介，具有时间性。前期主要使用铅排

的凸版印刷，劳动强度大、环境污染严重。20世纪80年代以后，大多使用平版印刷。也有些欧美国家采用柔性版印刷报纸。

（2）书刊印刷。以书籍、期刊等为主要产品的印刷，是印刷量及产值最大的一种印刷。早期，也就是20世纪70年代以前，主要采用铅字排版的凸版印刷，目前主要利用计算机排版和平版印刷。

（3）广告印刷。印刷的范围较广，有商品样本、画报、海报、招贴画、彩色图片、广告牌等。要求印刷时间短，印刷质量好，一般采用平版印刷。而大幅面的广告牌，多采用丝网印刷（图1-13）。

（4）地图印刷。成品有地形图、航测图、地矿图、交通图以及军事用图等。图面复杂，幅面大小不一，精度要求较高，大多采用多块印版套印的平版印刷（图1-14）。

（5）钞券印刷。成品主要是钞票、支票、股票、债券以及其他的有价证券。此类印刷，对防伪有很高

图1-13　广告印刷

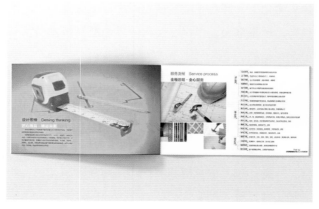

图1-14　书刊印刷

的要求，以四版印刷为主，平版、凸版或其他印刷方法为辅。

（6）包装印刷。成品主要用于商品的包装，除了具有装载商品、保护商品、美化商品的作用外，还起到了宣传商品和推销商品的作用，印刷的产品种类很多，有纸盒、金属盒、塑料袋、商标、软管以及各类包装纸、陶瓷、玻璃、皮革等。

（7）特种印刷。采用不同于一般制版、印刷、印后加工工艺和材料，供特殊用途的印刷，如全息照相印刷、静电植绒、喷墨印刷、表格印刷等。许多包装印刷品，是要用特种印刷完成的。随着新材料的研发的不断推进和科技的不断发展，特种印刷的产品会更加丰富多彩。

3. 按照印刷色数分类

（1）单色印刷。一个印刷过程中，只在承印物上印刷一种墨色，称为单色印刷。一个印刷过程指在印刷机上一次输纸和收纸（图1-15）。

（2）双色印刷。一个印刷过程中，在承印物上印刷两种墨色的印刷称为双色印刷（图1-16）。

（3）多色印刷。一个印刷过程中，在承印物上印刷两种以上的墨色，称为多色印刷。一般指利用黄（Y）、品红（M）、青（C）和黑（BK）油墨叠印再现原稿颜色的印刷。对于一些专色的印刷品，例如，线条图表、票据、地图等，则需要使用调配出特定的颜色或由油墨制造厂供给专色油墨进行印刷（图1-17）。

－ 补充要点 －

喷墨印刷

喷墨印刷是一种无接触、无压力、无印版的印刷。电子计算机中存储的信息，输入喷墨印刷机即可印刷。按照色彩分为黑白喷墨和彩色喷墨；按照喷墨方式分为同步喷墨和异步喷墨。

喷墨印刷机由系统控制器、喷墨控制器、喷头、承印物驱动机构等组成。油墨在喷墨控制器的控制下，从喷头的喷嘴喷出喷印在承印物上。按照印刷要求，驱动器输送承印物，系统控制器负责整机工作的运转。喷墨印刷的分辨率很高，印刷质量接近于照片。因此，喷墨印刷能够制作彩色透明或不透明的图片，也能制作书刊、报纸校样以及彩色图像校样等，如果将喷墨印刷机接于通信设备，还可进行远距离图文的传输。由于喷墨印刷机的幅面越来越宽，近年来利用喷墨印刷机制作大幅面的印刷品被广泛地应用于广告宣传画等，因此，喷墨印刷的用途越来越广。

图1-15　单色印刷

图1-16　双色印刷

图1-17　多色印刷

第三节　印刷工艺基础认知

一、印刷的颜色复制原理

1. 色光三原色和加色混合法

不同的颜色相混合就能产生新的颜色，我们将能够通过混合产生所有颜色的最少的几种颜色称为原色。当由两种或两种以上色光同时到达人眼的视网膜时，人眼视网膜的三种感色细胞分别受到刺激，在大脑中产生一种综合的颜色感觉。这种由两种或两种以上色光混合呈现新的颜色的呈色原理称为色光加色法。人们通过实验发现，各种色光可以用红、绿、蓝三种单色光混合得到，但是红、绿、蓝三种色光却不能用其他色光混合得到，因此，将红、绿、蓝三种色光定为色光三原色（图1-18）。

在光学中两种色光以适当比例混合产生白色，这两种颜色称为"互为补色"。黄光和蓝光混合成白光，黄色与蓝色为互补色，同理青色与红色为互补色，品红色与绿色为互补色。不等量的红、绿、蓝三原色的色光混合相加，如果是双色混合，混合色偏向于比例大的颜色。比如红光与绿光混合，红光比例大于绿光，则得到的颜色为偏红的橘红色光。如果是红、绿、蓝三色光不等量混合，则混合色的亮度增加，彩度降低，三原色光的比例差别越小彩度越低，三原色光的比例差别越大，彩度越大。混合色中的色光加

的越多就越亮，等量的红、绿、蓝色光可以产生灰白色。

加色混合有直接光源混合和间接的反射光混合两类。直接光源混合，又称为视觉器官以外的色光混合，如太阳光、照明灯光等，人眼看到的不是各种单色光，而是光源在发射光波的过程中，光到达人眼之前就直接混合呈色。间接的反射光混合是指颜色混合在人的视觉器官内进行，可分为两种形式，一种是色光的静态混合或称空间混合，另一种是色光的动态混合或称时间混合。色光的静态混合是指，在一个平面上有不同的色块，当两个色块面积很小又距离很近时，它们的反射光投射到人眼视网膜的同一视觉细胞，人眼就认为是一种颜色，这种颜色就是两种反射光混合后的颜色；色光的动态混合是指，当不同的色彩以一定速度交替呈现在眼前时，在人的眼睛里就会产生不同色彩的混合现象，这种混合的色彩就是人眼看到的颜色。如麦克斯韦尔色盘（图1-19），当色盘静止时，人眼能清楚看到色盘上不同颜色色块，当色盘快速转动时，人眼看不到不同的色块，而是一片中性灰色。这是因为第一色刺激未过，又叠加第二或第三色的刺激，由于视觉的残留作用，人眼感觉是叠加后的新的颜色。

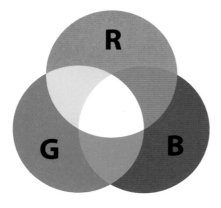

图1-18　色光三原色

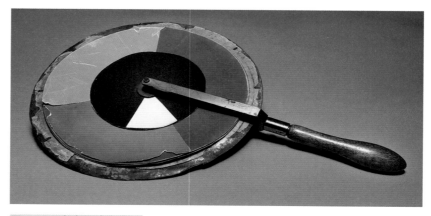

图1-19　麦克斯韦尔色盘

2. 色料三原色与色料减色法

在自然界，存在很多自身不会发光的物体，但是我们仍然能看到它们的颜色，这是因为对于自身不能发光的物体，可通过吸收照射在其上的光线中的一部光、反射另一部分光。而被反射的光相加混合产生新的颜色，就是人眼看到的颜色，也就是我们定义的这个物体的颜色，这种呈色原理称为色料减色法。例如青色颜料吸收白光中的红光，反射蓝光和绿光，然后蓝红光和绿光混合得到青色。

将黄、品红、青三种色料以适当比例混合，可以得到自然界的成千上万种颜色，而用其他色料混合却得不到黄、品红、青三种色料，基于我们对原色的定义，所以将黄、品红、青三种色料定为色料三原色。不同量的黄、品红、青三原色的色料混合相加，可以产生一种新颜色，并且越加越暗。色料混合时，某一种颜色的色料与另一种颜色的色料混合后呈黑色，称这两种色料的颜色为互补色。如品红色料与绿色色料混合成黑色，则品红色与绿色为互补。同理，黄色与蓝色为互补色，青色和红色为互补色。

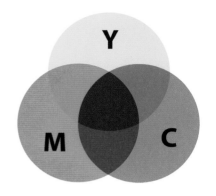

图1-20　色料三原色

黄色料与品红色料混合，黄色料从照射的白光中吸收了蓝光，反射红光和绿光，品红色料吸收了绿光，最后只剩下红光反射出来，人眼看到的便是红色。同理，黄色料与青色料混合，人眼看到的便是绿色。品红色料与青色料混合，人眼看到的便是绿色。色料三原色黄、品红、青等量混合，由于白光中的蓝光、绿光、红光全部被黄、品红、青色料吸收，没有剩余的色光反射，因此人眼看到的是黑色。

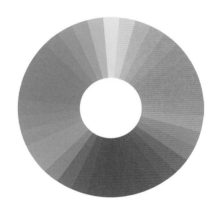

图1-21　基于色料三原色的调色轮

不等量的两种原色色料混合时，混合后的色相偏向于比重大的原色色相。如黄色与品红色的色料相混合，当黄色色料的比重大于品红色色料时，混合后的红色偏向于黄色，如红橙色。不等量的三种原色色料混合，明亮度和彩度都下降，色料混合的越多色彩越暗，三原色色料的比例差别越小彩度越低，三原色色料的比例差别越大，彩度越大。

理想的色料三原色是吸收一种三原色光反射另两种三原色光。但是理想的色料三原色实际上是不存在的，现实状态下是该反射的色光和该吸收的色光都不彻底，导致色料的颜色亮度低、饱和度小、色调不纯正。因此三原色料混合后的色调不如理想三原色料的混合色，如实际黄色料与青色料混合后的绿色，比理想的绿色偏青色。

色料中黄、品红、青三原色称为一次色，是配制其他不同颜色用的基本色。两种原色混合得到的颜色称二次色或者间色。比如由黄色色料与青色色料混合得到的绿色就是二次色。由三种原色料混合得到的颜色称为复色或三次色。复色可以用三原色叠合、原色与二次色混合、两种或三种二次色混合等方式形成（图1-20、图1-21）。

色料减色混合有透明色层叠合和色料调和两种类型。透明色层叠合指几种颜色的透明明色层叠合在一起时，白光照射到色层上，每层透明

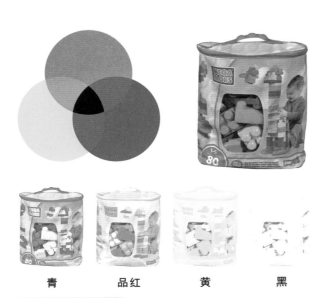

| 青 | 品红 | 黄 | 黑 |

图1-22　图片的分色

图1-23　四色印刷网点

色层只吸收与其色彩呈补色关系的那部分色光，透过与其色彩相同的那部分色光，最后剩下的光进行人眼感觉到混合后的颜色。比如黄色透明色层叠加在青色透明色层上，白光照射到黄色透明色层，黄色透明色层吸收蓝光，透过绿光和红光，绿光和红光射到青色透明色层上，青色透明色层吸收了红光，最后只剩下绿光，经纸张反射进入人眼，人眼看到的是叠合后的绿色。色料调和指的是几种色料混合后成为另一种新的颜色，比如将画画用的黄色颜料与青色颜料混合在

一起，得到的是绿色。混合后的颜色亮度降低，颜色变暗变灰。

3. 分色与四色印刷

在实际印刷中，印刷品要复制原稿上成千上万种颜色，不可能用这么多颜色的色料去印刷。由于色料三原色黄、品、青混合后可以得到自然界的绝大部分颜色，所以印刷就用黄品青三原色油墨，通过不同比例的墨量组合来复制原稿上的颜色，实现色彩还原。所以需要我们得把原稿上的颜色分解成黄、品、青三种颜色信息。

分色原理如下：白光照射到原稿上，这些颜色吸收了部分光，反射或透射另一部分的色光，这些色光通过红、绿、蓝滤色片后被分解成三路颜色信号。原稿上某颜色反射或透射的红光信息通过红滤色片，形成红光信息，该颜色的反射或透射的绿光信息通过绿滤色片，形成绿光信息，该颜色的反射或透射的蓝光信息蓝滤色片，形成蓝光信息。每一路颜色信号的强弱变化对应着原稿上该颜色含量多少，根据减色法原理，减色法的三原色为青、品红、黄，故要将原稿经过红、绿、蓝滤色片后所得到的红、绿、蓝三色信息转换成青、品红和黄色信息。已知红色与青色为互补色，绿色与品红色为互补色，蓝色与黄色为互补色，通过互补色的关系转换将原稿上的红色、绿色、蓝色信息转换成对应的青色、品红色和黄色信息（图1-22）。

在转换过程中，青、品红、黄三种颜色对应的强弱信息比例转换成网点百分比，再将网点百分比记录在印版上，就得到了三张分色印版，这三张分色印版记录的信息就对应着印刷时青、品红、黄三种彩色油墨的墨量。彩色原稿上的颜色由青、品红、黄色油墨中两种或三种以不同比例组成，因此彩色原稿上每一个点都在三张分色版上形成记录信息（图1-23）。

在实际印刷中，一般印刷用黄、品、青、黑四个颜色的油墨，而不是只有青、品、黄三种颜色。原因如下：

（1）从油墨的性能考虑。要注意油墨的黏度、黏着性、干燥速度的要求。油墨不可能做得很纯，其光谱特性达不到理想的状态，因此将等量的青色、品

红色和黄色油墨混合在一起产生的不是纯黑色，而是黑色偏棕色，于是在印刷中就使用第四种颜色，即黑色油墨，来增强印刷品黑色浓度、增强暗调的表现能力、增大反差。

（2）从成本的角度考虑。黑色墨比彩色墨便宜，而大量的印刷品如图书为黑白印刷品，用黑色墨比用黄、品、青三色墨叠加出黑色更经济实惠，印刷黑色文字效果更好，并且能减少三色墨套准的风险。

（3）从印刷工艺的角度考虑。在印刷品中颜色深的部位，如黑色或灰色如果完全由黄、品、青三色墨叠加的话，那么深颜色部位的墨量就大且墨层厚，造成油墨干燥速度缓慢，并且印刷控制难度增大，而用黑色墨代替一部分黄、品、青三色墨叠加的黑色，降低彩色油墨的用量，使得总墨量减少，那么油墨干燥速度加快，中间调到暗调的颜色和层次容易控制，减少故障。

4. 专色印刷技术

在印刷中，用青色、品红色、黄色、黑色这四种油墨就可以复制出自然界大多数的颜色，但是在一些特殊的情况下，我们需要用到除了这四种颜色以外的油墨来印刷，除基本的黄、品红、青、黑四色油墨以外颜色的油墨统称为专色油墨。专色即特定彩色油墨的颜色，如红色、橘色、荧光黄、珍珠蓝、金色、银色等。有些专色可以由CMYK油墨混合得到，如红色、橘色、绿色等，有些专色无法用CMYK油墨再现的，如荧光黄、珍珠蓝、金色、银色等。

（1）专色的特点。在色域方面，专色可以很好地解决CMYK四色色域以外的颜色，如金色、银色等。虽然可以给专色加网以呈现任意的深浅色调，但大多情况下专色采用实地印刷，无论这种专色有多深或多浅。每一种专色都为固定色相，在印刷时大大提高了颜色传递的准确性。所以它被广泛用于公司名称和商标的印刷中，例如百事可乐公司的标志中的蓝色与红色，在印刷时可以采用专色印刷，这样不管在什么纸张上或采用什么样的印刷设备，都能保证其品牌色的准确（图1-24）。使用专色印刷时，每一种专色要专门制作一块印版，并由一个机组走纸一次来完成对该专色的印刷。专色可以与CMYK颜色中的一种色或几种色一起使用，也可以单独使用。如某印刷品用CMYK色银色即五色印刷，或者某图书全书内文只用一个海蓝色专色印刷。

（2）专色印刷因素

1）考虑成本因素。如某图书所有内页只有两种颜色棕色和黑色。如用CMYK四色来印刷，则需要四块印版，而使用专色红棕色与黑色则只需要两块印版，如果印刷数量可观，则可以降低较多生产成本。

2）考虑质量因素。专色印刷在套印和颜色稳定性方面更有保障。因为专色不需要套色，在颜色的传递和还原上更能保证一致的外观，对于一些对颜色一致性要求高的产品，可考虑使用专色印刷。

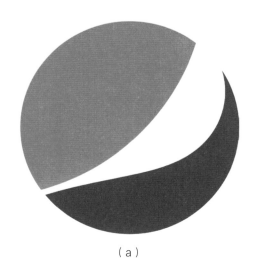

（a）

（b）

图1-24　百事可乐

3）特殊颜色因素。需要复制标准四色油墨色域之外颜色时，可以考虑使用专色油墨来完成，例如荧光色、银色、金色。金、银色在商品的包装印刷中应用广泛，如化妆品的包装盒、烟盒、酒盒以及其他高档品的印刷（图1-25）。

二、印刷阶调层次复制技术

1. 网点复制技术

在印刷过程中一个重要的问题就是图像阶调的复制，多个层次地展现图像，实现更好的印刷效果。凹版印刷的印版可以承载不同厚度的油墨，在承印物上油墨以不同的厚度表现阶调层次，而凸版印刷、平版印刷和网版印刷的印版却只存在两种状态，着墨或不着墨，并且在印版上不存在墨层厚度变化的着墨区，也就是说油墨从印版转移到承印物上，在承印物上的只是二值图像，空白和着墨。所以为了实现二值图像复制的情况下的图像阶调层次复制，人们发明了网点复制技术。

通过用放大镜观察印刷品，我们可以看到组成图像的是一个个小的黑色或彩色墨点，这些点就是网点。一幅连续调的黑白照片，不用网点技术进行印刷复制时，得到的是没有深浅变化，只有黑与白之别的图片，而加网后再印刷，得到的是原稿的深浅变化基本一致的具有层次的图片。从中可看出通过网点技术印刷实现了连续调图像的层次复制。

将印刷品的图像平面分割成若干小格，即网格，在每个网格的内部，按照原稿图像对应位置的深浅状况，涂覆一定量的油墨，网格内的油墨以点的形式出现，即网点。网格内的网点覆盖面积大，对应位置原稿的图像颜色较深，网格内的网点覆盖面积小，对应位置的原稿图像颜色较浅。

通过改变网点的覆盖面积比例来改变油墨的相对量，单位面积内网点面积越小，油墨的覆盖比例也越小，该印刷范围内反射光线多吸收光线少，呈现的颜色浅；反之，单位面积内网点面积越大，油墨的覆盖比例也越大，该印刷范围内反射光线少吸收光线多，呈现的颜色深。因此，可以利用网点的覆盖面积大小变化来反映印刷品上的明亮、阴暗以及颜色的浓淡层次，实现阶调的再现。

网点与网点之间是空白的，区别于原稿上的连续调图像，称印刷品的图像为半色调图像，也称网目调图像。但在一定的距离以外观察印刷品，看到的图像是连续的（图1-26）。

2. 网点相关参数

（1）网点面积覆盖率。是指着墨的面积占单位面积比率，即网点百分比。网点面积覆盖率直接控制着承印材料上单位面积内被油墨所覆盖的面积大小，

（a）

（b）

图1-25 专色的应用

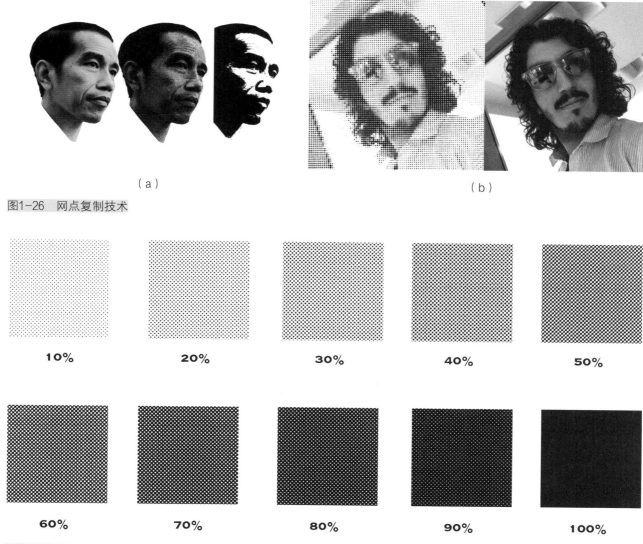

（a） （b）

图1-26 网点复制技术

10% 20% 30% 40% 50%

60% 70% 80% 90% 100%

图1-27 网点面积覆盖率展示图

决定了照射到油墨上的光被吸收和反射的量，代表了图像层次的深浅和颜色的浓淡（图1-27）。如5%的网点，单位面积内只有5%的面积被油墨所覆盖，也就是说5%的网点只有5%的面积能吸收光线，而有95%的面积反射光线，因而显得很明亮；而95%的网点，则刚好相反，有95%的面积能吸收光线，而只有5%的面积反射光线，因而显得很暗淡。在表示网点面积覆盖率时，在我国习惯用网点的"成数"来作为单位，如60%的网点称为"6成点"，而75%的网点称之为"7.5成点"。

（2）网点类型。根据单位印刷面积内网点覆盖面积的变化，可分为以下三种类型。

1）调幅网点。网点的距离（出现的频率）相同，但大小不同，这种网点类型称为调幅网点（AM）［图1-28（a）］。调幅网点的位置和角度是固定的，通过网点的大小变化获得连续调的复制效果。它是目前使用最普遍的网点类型，工艺成熟。由于网点的排列有一定的角度，不同颜色的网点叠加在一起会产生莫尔纹。调幅网点具有三个要素：网点角度、网点线数、网点形状。

2）调频网点。网点的距离不同，但大小相等，这种网点类型称为调频网点（FM）［图1-28（b）］。调频网点的网点大小是固定的，但它们的位置随机变化，通过单位面积内的网点数量的变化获得连续调的

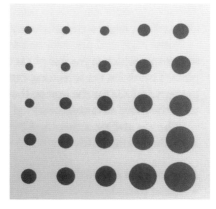（a）调幅网点　　　　　　　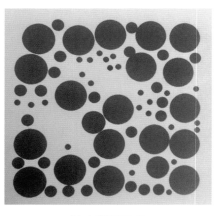（b）调频网点　　　　　　　（c）混合网点

图1-28　网点类型

复制效果。通过比较调频网点和调幅网点，我们发现调频网点有较高的细节和层次表现能力，能印出非常精细的印刷品，可以消除调幅加网中的莫尔纹和断线现象。但是由于调频网点非常小，对印刷条件的要求非常高，在出印版和印刷过程中容易丢失网点，造成图像层次缺失，因而印刷质量也难以控制。调频网点的要素只有一个，即网点的直径大小，一般为10μm、15μm、20μm。

3）混合网点。网点的距离不同，大小也不同，这种网点类型称为混合网点［图1-28（c）］。调频调幅混合网点，指在每幅图上根据图像的不同颜色密度采用类似调频或调幅的网点。比如网屏公司出的视必达网点，在1%～10%的高光和90%～99%的暗调部分，采用调频网，固定大小的网点，通过网点数量的变化来再现层次。在10%～90%的阶调，网点的大小像调幅加网一样变化，而网点的分布和调频加网一样随机变化。这种网点，将调频和调幅网点的优点结合起来，在高光区和暗调区，不仅能复制微小细节，在中间调区表现更加生动自然，也不会出现莫尔纹，在色调均匀的区域，复制更平滑，并还提高了半色调复制中线条的表现能力。

（3）网点线数。指印刷品上色调区域网点排列方向上单位长度内的网点的个数。用每英寸的线数（lpi）或每厘米的线数（lpc）表示，也称加网线数。

一般来说，当视网膜上的像在同一个视觉细胞上时，人眼认为这个物体是一个点。根据视网膜上视觉细胞的大小，计算得到当两个点成像在视网膜上一个视觉细胞的视角小于1.5′时，人眼分辨不出这是两个点，将他们合成一点看待。视距不同，两个点的距离也不同。当加网线数足够高时，网点之间距离非常小，或者观察的距离足够远时，眼睛就看不出每一个点，看到的是连续的图像。我们人眼正常阅读的视距是250mm，视角1.5′，可计算出，当印刷品的加网线数在175lpi时，人眼分辨不出一个个网点，将网目调图像看成是连续调图像。

在网点面积一定的情况下，网点线数决定了单位面积内网点的个数。网点个数越多，单个网点面积越小，印刷的图文越精细（图1-29）。

印刷品的加网线数取决于多个因素：第一，与承印材料关系密切，纸张表面平滑，加网线数可相应加大。纸张越差，表面越粗糙，加网线数要相应降低。第二，受印刷工艺方法的限制，一般来说，胶印的加网线数较高，通常选择在200lpi以下；柔性版印刷的加网线数比胶印的小，通常选择在150lpi以下；丝网印刷的线数最低。第三，加网线数受印刷条件的影响，如同样的印刷品用轮转胶印机印刷选择的加网线数要比平版胶印机印刷要低，一般来说印刷设备高端，印刷环境好，加网线数可以高些，反之加网线数低些。另外，加网线数还取决于印刷品的使用条件和观看条件。印刷品幅面越大，观看的距离越远，加网线数越低。比如，当印刷品的观察距离是明视距离时，如书刊画册，印刷品的加网线数就比较高。对于

（a）60lpi　　　　　　　　　　　　　　　　　（b）120lpi

图1-29　不同网点线数印刷效果对比

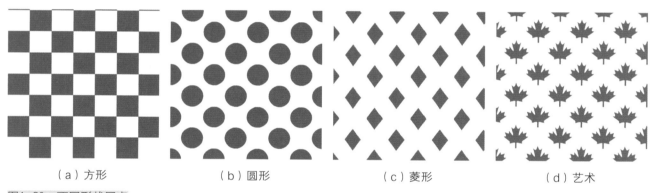

（a）方形　　　　　　（b）圆形　　　　　　（c）菱形　　　　　　（d）艺术

图1-30　不同形状网点

观察距离比较远，通常在1m以外的招贴画或海报等印刷品，加网线数就可以低一些。

（4）网点形状。是油墨网点印在纸张上的几何形状，其关系到印刷品不同图像层次视觉效果的展现，是实现高质量印刷复制的一个重要因素。最常用的网点形状有方形网点、圆形网点、椭圆形或菱形网点等，在选择合适网点时，应根据不同类型的图像选择不同的网点（图1-30）。

作为印刷时经常遇到的问题，网点扩大对不同网点形状的阶调再现影响也有所不同。网点扩大使得在网点搭角处的阶调有一次跃升，阶调的跃升造成视觉上的不连贯。其中圆形网点在78.5%开始相连，在此阶调位置有一次密度的跃升；方形网点在50%时开始相连，在此阶调位置有一次密度的跃升；菱形网点由于两对角线长度不同，其长对角线对应的角约在40%相连，短对角线对应的角约在60%相连，故菱

形网点在整个阶调上有两处的密度跃升，由于每次只出现在一个角，故每次的跃升较方形和圆形网点小。在选择网点形状时尽可能避免图像关键阶调处的密度跃升。

1）方形网点。方形网点是传统的网点形状，容易根据网点间距来判断网点大小。在50%处才能真正显示形状，随着网点的缩小或增大，成方中带圆甚至成圆形。与其他形状的网点相比较，正方形的网点面积率是最高的。方形网点棱角分明，对于层次的表现能力很强，适合一般的风景、静物、线条、图形和一些外形硬朗型的图像。由于在网点搭角的中间调有密度的跃升，因此它不适合对中间层次要求丰富的图像，如人物画。

2）椭圆形和菱形网点。椭圆形和菱形网点在表现画面阶调方面较柔和，这两种网点都是非中心对称，画面中大部分中间调层次的网点都是长轴互相连

接，短轴脱空，因此特适合于中高调层次丰富的图像，色彩过渡自然，一般用于人物图像（有较多的肤色处于中间调）。

3）圆形网点。圆形网点可以较好地表现亮调和中间调的层次，但是暗调区域层次表现较差。由于总体反映层次的能力较差，在平版胶印中较少使用，如果要复制的原稿画面中亮调层次较多，暗调部分较少，采用圆形网点还是相当有利的。由于圆形网点的周长比与其他形状的网点相比是最短的，网点扩大也最小，因此被广泛地应用于柔性版印刷。

4）艺术网点。为了产生特殊的视觉效果也有使用特殊形状的网点，如同心圆网点、水平波浪形网点、十字线网点、砖形网点等。同心圆网点适用于有水面的画面，或用于圆形的机械零件、轮子、球类等原稿；水平波浪形网点适用于湖面、河面等有水晕水面的原稿；砖形网点适用于楼群、房屋建筑类景物，质感较好；十字线网点适合复制树林等垂直景物，有高大的感觉。

3. 网点再现颜色原理

作为印刷中接受和转移油墨的最基本单位，网点的覆盖面积的变化可以形成浓淡深浅不同的阶调层次，网点对原稿的层次起临摹的作用。除此之外，网点在彩色印刷中，决定着墨量的大小，也起着组织颜色和图像轮廓的作用。

由于网点大小、角度或分布频率不同，三原色在网点套印时，网点有时会叠合，有时会并列，有时也会半叠合半并列。通常印刷品较深暗的部位，各色网点叠合的机会多，印刷品亮调部位，网点覆盖面积比较小，并列的情况多。网点呈现色彩的基本方式主要有两种：网点叠合呈色和网点并列呈色。

（1）网点叠合呈色。当两个不同原色网点叠合时，白光照射到上面一层的网点，墨层吸收该墨色的互补色色光，另两种原色光透过上面的墨层照射到下面的网点，下面的网点墨层吸收其对应的互补色色光，余下一种原色光透过该墨层照射到白纸上被反射出来，呈现颜色。当三原色网点叠合在一起时，每层均会吸收白光中的一种色光，没有任何的色光能到达白纸，所以没有任何色光会被反射出来，即呈现黑

色。网点叠合呈色是减色法混合原理的体现，网点叠合呈色的前提是：三原色油墨透明度都较高。（图1-31）。

（2）网点并列呈色。当两种不同原色的网点并列时，两种原色网点墨层分别吸收各自的互补色色光，余下的另两种原色光被反射出来。由于网点很小，彼此的距离很近，人眼无法分辨清楚它们反射的各种色光成分，人眼看到的是两个网点反射出来的色光在空间加色混合后的色光，这就是网点并列呈色的原理。当三原色网点并列时，三原色网点都会吸收入射光中的部分色光，反射出来的剩余色光在空间混合形成较弱的白光，人眼看去是灰色。随着网点面积的增大，白光被减弱的程度也增大，灰色也就更暗。

网点并列的呈色过程是减色法原理与加色法原理的综合作用。需要注意的是，虽然相同的两种原色在网点并列与网点叠合时呈现的颜色色相是相同的，但颜色的明度和彩度有所区别。网点叠合时，呈现的新颜色明度低，彩度较高。网点并列时，呈现的新颜色明度较高，彩度较低（图1-32）。

4. 印刷过程中的阶调复制

印刷品的阶调一般划分为三个部分：亮调、中间调、暗调。基于利用网点覆盖面积的变化来表现原稿层次的印刷原理。理论上亮调部分的网点覆盖率应为10%～30%；中间调部分的网点覆盖率应为40%～60%；暗调部分网点覆盖率应为70%～90%。但是在实际印刷中发现，按照这种模式印刷出来的图片整体发闷，反差小、给人以"平平"的感觉。

出现这种情况主要有两个原因，第一是因为原稿的阶调范围要大于印刷品的阶调范围，原稿上的最大密度可以到2.8，而印刷品由于油墨的限制一般只有1.8，也就是说经过印刷后，原稿的阶调一定会被压缩。其二人眼对于不同的阶调区域的感受是不同的，人眼对图像中的亮调部分比较敏感，该处层次稍有变化，人眼就能觉察出图像的变化，中间调层次是图像信息的集中地，是印刷复制的重点，而暗调处则是人眼不太敏感的区域。如果按照此前的模式将原稿上的层次进行压缩的话，人眼敏感的亮调部分相比较于人眼不太敏感的暗调部分在印刷品上变化较小，暗调部

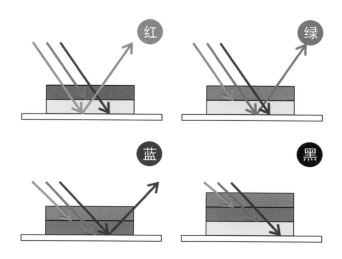

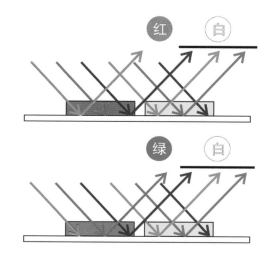

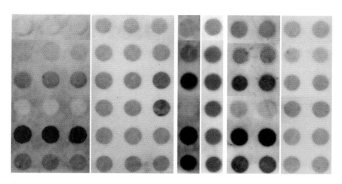

图1-31 网点叠合呈色原理

图1-32 网点并列呈色原理

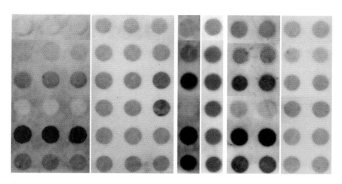

图1-33 网点印迹不实

图1-34 网点扩大

分的变化较大，这与人眼视觉特性不相符合，所以印刷品给人的感觉是亮调不亮，该突出没有突出，给人一种很平淡的感觉，整体不美观。当原稿的阶调得到好的复制时，图像表现出令人满意的反差，原稿上的重要细节得到表现，整个画面取得平衡。

所以在进行阶调复制的时候，往往采用压缩暗调层次，拉开亮调层次、忠实复制中间调层次的方法来对原稿图像层次进行复制。

但是需要注意的是，由于每个原稿各自特点不同，所以最佳的阶调复制曲线就是根据原稿特点对阶调曲线进行适当的调整，改变阶调曲线的形态，增大或降低图像中不同部位的反差和细节，以补偿图像复制过程的非线性变化，满足印刷复制的要求。

5. 网点在印刷过程中的变化

在理想状态下，原稿加网制得网目调印版时，原稿上的明暗层次被准确地转变成相应大小的网点覆盖

率；印版上的油墨转移时，墨点的大小能完全一致地转移到承印物上，同时整个工艺流程中，网点既没有扩大也没有缩小。但是在实际生产过程中，由于存在很多可变因素，使得网点发生变化，从而影响图像颜色、阶调层次和清晰度等。

其对图像复制质量的影响主要体现在以下几点：网点印迹不实，从而不能吸收足够的光线，暗调不黑（图1-33）；网点缩小，亮调增加，暗调不足，印品显得"平浮"；网点边缘残缺不全，从而不能完成网点百分比的表现力；网点扩大，暗调增加，亮调中间调减少，印品偏暗显"闷"（图1-34）；网点重影，颜色加深，清晰度下降。

导致网点变化的因素有很多，如在制作印版阶段，进行曝光时的曝光时间、曝光强度和显影时显影液的浓度、温度、速度等都会影响网点的大小；而在印刷阶段，如油墨黏度、油墨类型、印刷压力、承印

物类型、橡皮布类型、印刷色序、润版液类型、印刷设备的精度等也会导致网点的变化。

但是人们发现网点从印版传递到承印物的印刷过程往往伴随着一定量的网点扩大，主要原因有：油墨的流动性导致网点扩大，墨层越厚、油墨的流动性越好，网点扩大越多；网点上的油墨有一定的厚度，在

印刷压力的作用下，油墨向四周扩散，压力越大，网点扩大也越大；承印物的变形、对油墨的吸收渗透等导致网点扩大，在印刷过程中承印物变形越严重，网点变形也越严重。油墨除了在承印物表面干燥固着外，有一部分扩散和渗透进承印物里面，使得网点扩大。纸张表面越粗糙，纸张吸墨性越好、网点扩大越多。

— 补充要点 —

印刷术语

1. 出血位：印刷面周围或开窗位边或啤位边之外的有颜色的面积，为补偿裁切或啤盒之误差（一般为3~5mm）。偷穿：需特别套色部分作空白处理。

2. 涨边：就放置于偷空部分的字体或图案作出涨边处理，避免套色不准时会露白边。

3. 担牙位：预算纸张的尺寸时，应要计算担牙位作为印刷机夹纸位而此部分不能计算用作印刷。

4. 分色：经电脑从完成档案把四原色（CMYK），分析出其相应的比例。

5. 菲林：菲林分为四色（CMYK）和专色，四张菲林片叠起来的成一幅完整的彩色图像，需要拿去印刷厂制成版分成四次叠印出来。而传统的胶卷冲洗相片一次就成像。非印刷墨位为不透光部分，印刷墨位为透光部分。

6. 菲林输出：经电脑分色后，传至映像分色输出机将四色菲林输出制作完成。

7. 晒版：把输出菲林固定在未经曝光的锌版上，再放入晒架抽真空后用紫外光晒出印刷图像。

8. 连晒：拼晒多个印刷时，同一张菲林在一件锌版上连续晒多次。

9. 阳片：与阴片相反，非印刷墨位为透光部分，而印刷墨位为不透光部分。

10. 打样：保证在大量制作前，做正确样本（色稿及规格都合乎要求），若有错误，必须重打。

课后练习

1. 西方最早的印刷品出现在什么时候？
2. 讲述未来印刷行业的发展趋势。
3. 简述我国对印刷的定义。
4. 简述光的三原色与色料三原色之间的呈色关系。
5. 简述印刷中的颜色再现原理。
6. 如何避免印刷中网点扩大现象？

第二章
胶版印刷

PPT 课件，请在计算机里阅读

学习难度：★ ☆ ☆ ☆ ☆
重点概念：胶版印刷、印版制作、
　　　　　无水胶印、印刷工艺

◄ **章节导读**

　　胶版印刷作为平版印刷的杰出代表是无法忽略的。胶版印刷适用于印刷胶袋、手抽、大小塑包装等，是现代印刷行业使用非常广泛的一种印刷方式，是本书的重要内容。通过本章的学习，不仅可以了解到胶版印刷的起源与发展，还可以学习到众多与之相关的技术知识，并且由于各大印刷方式有很多共通之处，此章的学习将有利于对后文的理解，触类旁通（图2-1）。

图2-1　胶版印刷

第一节　概述

　　胶版印刷是由石版印刷演变而来的，都属于平版印刷。1796年，德国发明了石版印刷原理，并于1798年制造出第一台木制石印机，将石版版面先着水、后着墨，然后，放上印刷纸张加压进行印刷，把印版图文上的油墨直接印在纸张上，这就是所说的直接平印法（图2-2）。1905年，美国的鲁贝尔发明了间接印刷方法，先将油墨转移到橡皮布上，即为第一次转移，然后再转印到承印物上，故一般将平版印刷

称为胶印，而这是一种间接印刷方式（图2-3）。

　　胶版印刷中的橡皮布具有弹性，通过它的传递，不但能提高印刷速度，减少印版磨损，从而延长印版的使用寿命，而且可以在较粗糙的纸张上印出细小的网点和线条，比直接印刷更为清晰，所以，从直接印刷的石版印刷发展到胶印是印刷史上的一大进步。

　　通过感光或者转移的方式使印版上的图文部分具有亲油性及斥水性，空白部分通过化学处理使之具有

图2-2 早期石制印版

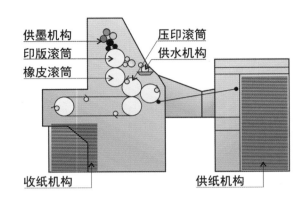

图2-3 胶版印刷系统结构

亲水性。在印刷时，利用油与水互相排斥的原理，先在印版表面涂上一层薄薄的水膜，使空白部分吸附水分，而图文部分因具有斥水性，不会被润湿。再利用印刷部件的供墨装置向印版供墨，由于印版的非图文部分受到水的保护，因此，油墨只能供到印版的图文部分。最后将印版上的油墨转移到橡皮布上，再利用橡皮滚筒与压印滚筒之间的压力，将橡皮布上的油墨转移到承印物上，完成一次印刷。

第二节 印版制作

胶印的印版目前主要有三大类：传统的平版，包括PS版、平凹版、蛋白版（平凸版）、多层金属版等；CTP版，包括感光型、感热型、紫激光型等几大类；无水胶印。除无水胶印版之外，其他两种印版的表面均由亲油疏水的图文部分和亲水疏油的空白部分组成。

一、PS版制作

1. PS版的分类

PS版，又称为预涂感光版（Pre-Sensitized Plate），版基是0.5mm、0.3mm、0.15mm等厚度的铝板。铝板经过电解粗化、阳极氧化、封孔等处理后，再在其板面上涂布感光层，制成预涂版。PS版的砂目细密，图像分辨率高，形成的网点光洁完整，具有很好的阶调、色彩再现性（图2-4）。

按照感光层的感光原理和制版工艺分类，PS版可分为阳图型PS版和阴图型PS版。其中，阳图型PS版属于光分解版材，使用阳图底片晒版，是包装印刷中主要使用的版材；阴图型PS版属于光聚合型版材，使用阴图底片晒版，主要应用于报纸杂志的印刷。

2. PS版的制版方法

（1）阳图型PS版制版步骤

1）曝光。曝光是先将阳图底片有乳剂层的一面与PS版的感光层贴在一起，放置在专用的晒版机内，真空抽气后，打开晒版机的光源，对印版进行曝光，非图文部分的感光层在光的照射下发生光分解反应。晒版所用光源一般为碘镓灯（图2-5）。

2）显影。显影是用稀碱溶液对曝光后的PS版进行显影处理，使见光发生光分解反应生成的化合物溶解，版面上便留下了未见光的感光层，形成亲油的图文部分。显影一般在专用的显影机中进行。

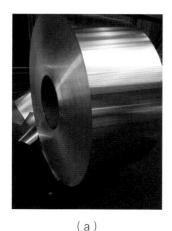

（a） （b）

图2-4 PS版

图2-5 碘镓灯晒版机

3）除脏。除脏是指利用除脏液等化学清洁剂，把版面上多余的胶黏纸、规矩线、阳图底片粘贴边缘留下的痕迹、尘埃污物等清除干净的过程。

4）修版。因为各种原因，经过显影后的PS版，常常需要补加图文或对版面进行必要的修补，于是修版应运而生。修版常用方法有两种，一种是利用修补液补笔，第二种是在版面上再次涂上感光液，补晒需要补加的图文。

5）烤版。为了提高PS版的耐印力，常常会对其进行一道叫做烤版的处理工序，先在经过曝光、显影、除脏、修补后的印版的表面涂布保护液，然后放入烤版机中，温度恒定在230～250℃，5～8min后取出印版，待自然冷却后，用显影液再次显影，清除版面残存的保护液，用热风吹干。通过烤版处理后的PS版，可以提高到15万印以上。如果印刷的数量在10万印以下，不必对PS版进行烤版处理。

6）涂显影墨。为了增加图文对油墨的吸附性和方便检查晒版质量，在制版过程中会将显影墨涂布在印版的图文上，这道工序就是涂显影墨。

7）上胶。上胶是PS版制版的最后一道工序，即在印版表面涂布一层阿拉伯胶，使非图文的空白部分的亲水性更加稳定，并保护版面免被脏污（图2-6）。

图2-6 上胶处理后的印版

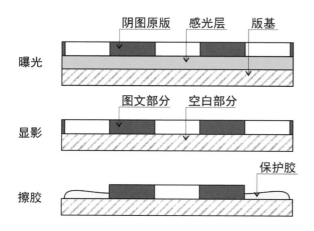

图2-7　阴图型PS版晒版示意图

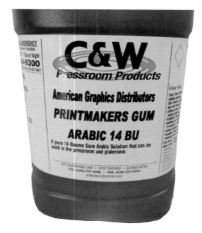

图2-8　阿拉伯树胶

（2）阴图型PS版制版步骤（图2-7）

1）曝光。阴图型PS版的感光层见光部分发生光化学反应，生成印版的图文部分，而没有见光部位的感光层不发生变化。晒版常用光源是碘镓灯。

2）显影、冲洗。用稀碱显影液或水对曝过光的PS版进行显影处理，使未见光部分的感光层溶于显影液，形成印版的空白部分。显影完毕用水冲洗干净，风干。

3）涂显影墨胶。因为印版的图文部分是低分子感光树脂，不具有亲墨的成膜物质，所以往往需要通过涂显影墨胶的方法以提高图文部分的亲墨性和耐印力。

4）修正与擦胶。用除脏液对版面进行处理，洗净后，再擦上阿拉伯树胶，风干即可上机印刷（图2-8）。

3.　PS版晒版质量的检查

为了保证生产的正常运行，晒制完的印版在上印刷机之前，必须对其质量进行严格的检查。对印版质量的检查，主要包含以下几个方面。

（1）印版外观质量。是指印版表面的外观质量，检查内容包括印版是否有擦伤、划痕和凹凸不平，印版表面是否氧化、是否有折痕，印版正反面是否粘有异物等。检查出不合格印版绝对不能上机使用，以免造成废品。

（2）色标与规矩线。作为检查印刷质量的重要依据，色标不仅可以表明是否有漏色、颠倒等印刷错误，还可以作为晒版人员的记号。各色版的色标不能

重叠，而且一定要齐全。而印版上的规矩线，是调整印版在滚筒上的位置和满足套印要求的依据，也是上下工序裁切的依据。其包括角线、刀线、中线、套晒线、十字线等。这些规矩线一定要齐备，否则将会造成印刷废品（图2-9）。

（3）版式规格。检查包括对印版版面尺寸、图文尺寸、叼口尺寸、折页尺寸、折页关系等做检查。套色版一定要做到图文端正，不歪斜。

（4）印版深浅。检查一般要借助5～10倍的放大镜对5%、50%、95%的网点进行观察分析，对于胶印印版与打印样张的单色样、叠色样相应色别的网点进行比较。若高光调部分、中间调部分、暗调部分的网点大小和打印样张基本吻合，说明印版深浅符合上机印刷要求。如果网点变小，说明阶调过浅；两点扩大，说明阶调过深。印版过浅或过深都不能使印刷品的阶调和色彩得到良好的再现。通过检查印版阶调层次的深浅可以观察到PS版晒版、印前制作的阶调层次、网点光洁度是否有问题，胶片是否存在灰雾度、不清晰等现象。

（5）网点质量。在印刷中，要实现很高的图像质量，网点质量是其很重要的因素，网点应该完整、清晰、外观合乎要求。如果网点发毛、发虚、有白点，说明网点不结实，网点感脂亲油性能不够理想，如果文字、线条断笔缺画或有多余部分，也要重新晒版。符合质量要求的网点应该颗粒光洁、圆正、饱满结实（图2-10）。

二、计算机直接制版

计算机直接制版（Computer－to－Plate），简称为CTP制版。先通过计算机数据化处理图文，然后通过读取这些数据，计算机控制的激光系统会直接刻制印版，省去了分色胶片及晒版工艺。计算机直接制版技术，是制版技术向数字化时代迈进的一大步，实现了高质量、高速度的印刷要求，不仅保持了传统胶印的特性，而且还能实现大幅面、大批量印刷。

1. 计算机直接制版系统

（1）计算机。与传统的CTF制版工艺所采用的机械打样方式不同，计算机直接制版CTP工艺的全程是一个数字化的工作过程，因此，在计算机直接制版工艺流程中，只有通过数字样张来检查将要输出的页面，在确保数据文件没有任何问题后，才能进行印版的输出。

（2）CTP版材。作为CTP技术的核心部分，与传统的制版过程相比，CTP版材显著的印刷适性是传统版材所不能比拟的，如网点质量。同时，由于CTP技术使得印刷过程趋于简单，印刷速度变快，并提高了复制信息的高保真性，因而对CTP版材的研究开发成为了热点，出现了很多类型的CTP版材（图2-11）。

（3）成像系统。CTP版材的成像均采用激光进行直接扫描曝光。与各种不同的版材相适应的激光光源有多种。

2. CTP直接制版机的工作原理

CTP直接制版机又称为印版照排机（Platesetter），其光源一般采用激光（波段范围从红外激光、可见光到紫外光）（图2-12）。

CTP直接制版机主要由光学系统、电路系统以及机械系统三大部分构成。工作时，先需要将激光器产生的单束原始激光分裂成多束（通常是200～500束）极细的激光束，然后按计算机中图像信息的亮暗等特征，对激光束的亮暗变化加以调制，变成受控光束。再经聚焦后，几百束微激光直接射到印版表面进行刻版工作，通过扫描刻版后，在印版上形成图像的潜影。经显影后，计算机屏幕上的图像信息就直接还原在印版上，供胶印机直接印刷，整个过程由计算机自动化控制，复杂而又准确。

三、无水胶印版

无水胶印是指在平版上用斥墨的硅橡胶层作为印版空白部分，不需要润版，用特制油墨印刷的一种平印方式。使用阳图底片晒版的阳图型无水平版，主要由铝版基、底涂层（也叫黏合层）、感光树脂层、硅橡胶层、覆盖膜等组成。曝光时，见光的硅橡胶层发生架桥反应，进行交

图2-9　色标与规矩线

图2-10　对网点的检查

图2-11　CTP印版

图2-12　柯达CTP制版机

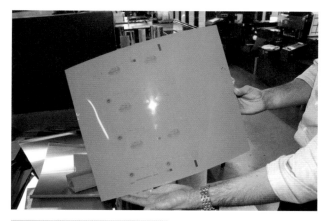

图2-13 无水胶印印版实物图

联，未见光的硅橡胶层被显影液除掉，形成印版。因为阳图型无水平版的图文部分微微下凹，着墨后油墨不易扩散，而空白部分的硅橡胶层对油墨有排斥作用，因此，印刷时可以不用润版液，从而避免了由润版液引起的许多故障（图2-13、图2-14）。

无水胶印版的制版主要包括曝光、显影、水洗、干燥等过程。曝光是将原版与印版在晒版机中密封进行曝光，其见光部分的硅橡胶发生交联反应；显影是将曝光后的版材放入自动显影机中显影，通过显影将印版上未见光的硅橡胶冲洗干净；水洗是将印版上的显影药水冲洗干净；干燥是除去印版表面的水分。

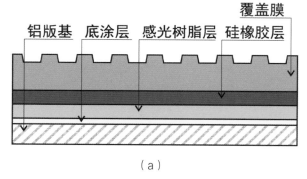

（a）

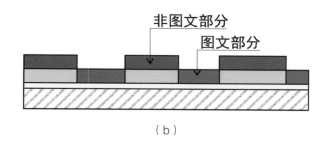

（b）

图2-14 无水胶印印版结构

- 补充要点 -

贴花印刷

贴花印刷一般采用平版印刷的方式，将图案印在涂胶纸或塑料薄膜上，用时贴在被装饰的物体表面，通过转移得到贴花图案。贴花印刷品，也叫贴花纸。分为商标贴花纸和瓷器贴花纸两大类。机床，仪器、自行车的商标、家具上的商标、瓷器上的图案，大多是用贴花纸转印而得到的。

贴花印刷工艺流程为：

1. 裱纸。贴花印刷的纸张，是用手工或机械裱制的专用纸张。纸张裱制质量不高，将造成纸张不易揭开、脱壳、花纹粘在纸上，图案不能转移完全的故障。

2. 制版和印刷。印刷在贴花纸上的图文应为反像，转移到物体上的图文才能成为正像。先印透明度高的油墨，后印遮盖力较大的不透明油墨。在贴花印刷最后一色油墨层上，再印不透明的白墨作底层，以遮盖物体自身颜色。陶瓷贴花纸一般先印深色、后印浅色油墨。

3. 转印。商标贴花纸转印，先将被转印的物体表面，如木器、金属制品的表面，涂布一层凡立水，稍稍晾干，再将用水或硼酸液润湿过的贴花纸贴在上面，并施加一定的压力，然后小心地将纸基揭下来。陶瓷贴花纸的转印，要先在瓷器表面涂一层明胶液，再把贴花纸贴在上面，贴花纸上的图案转移到瓷器上以后，要用水洗去残留在瓷器表面上的胶质，待晾干后即可入窑煅烧。一般要经过400～500℃，甚至800℃的温度，才能出现需要的颜色。

第三节 印刷工艺

一、印刷油墨的选用

胶印油墨主要是由有色颜料（染料等）、连结料、填充料和附加剂等物质组成的均匀混合物。由于胶版印刷中需要用到润湿液（水），所以在选用和配制油墨时，必须要考虑到水墨平衡的问题，防止油墨过度乳化，而这就要求油墨要有较强的抗水性，油墨中的颜料和连结料应具有良好的抗水性。同时因为平版印刷的墨层一般较薄，在1μm左右，因此要求油墨中颜料的着色力要高。

1. 平张纸胶印油墨

平张纸胶印油墨分为普通型、亮光型、快干型和快固亮光型。干燥方式以氧化结膜干燥为主、渗透干燥为辅。平张纸胶印油墨主要为树脂型油墨，连结料由干性植物油、高沸点煤油和树脂组成。标准的单张纸油墨的氧化干燥一般在2~6h，要求印刷过程中油墨在墨斗和墨辊中保鲜（即在墨斗内6~16h不结皮、墨辊上12~48h不结皮）（图2-15）。

2. 热固轮转胶印油墨

与平张纸胶印相比，热固轮转胶印的印刷效率和速度是其3倍以上，印刷完毕的纸张依靠轮转胶印机中的三组热风烘干炉装置烘干，所以油墨的干燥方式是以热固干燥为主、渗透和氧化结膜干燥为辅。热固型卷筒纸胶印油墨的组分类似于快干性平张纸胶印油墨，只是联结料中的干性植物油的含量更少，高沸点煤油的含量更高。因为由于热固轮转胶印的印刷速度快，相比平张纸胶印油墨而言，要求油墨的黏度更低、流动性更好，同时因为热固轮转胶印的高速度，对承印纸张的表面强度提出更大挑战，为了减少拉毛现象的发生概率，要求油墨的黏着性更低（图2-16）。

3. 冷固轮转胶印油墨

冷固轮转胶印也是采用卷筒纸方式印刷，油墨的干燥主要为渗透干燥为主。卷筒纸胶印油墨与平张纸胶印油墨不同之处是连结料的组成，它是以矿物油和树脂为主，利用矿物油的渗透作用和纸张的吸收作用共同完成。所以冷固轮转胶印只适合于新闻纸、未涂布纸等吸收性非常好的纸张印刷，不适宜涂布纸的印刷。相对于平张纸胶印油墨，卷筒纸胶印油墨的黏度小、流动性高，同时油墨的黏着性（Tack）要求更低（因为所用纸张的表面强度低）（图2-17）。

图2-15 平张纸胶印油墨

图2-16 热固轮转胶印油墨

图2-17 冷固轮转胶印油墨

二、湿润溶液的选用

1. 湿润溶液的作用

胶版印刷中必须使用湿润溶液，其主要作用有：在版面亲水层遭到破坏时，利用润湿溶液中的电解质与因磨损而裸露出来的版基金属铝或金属锌发生化学反应，形成新的亲水层，维持印版空白部分的亲水性能；使印版的空白部分形成均匀的水膜而润湿，并在印刷过程中抵制油墨向空白部分的浸润，保持其亲水斥油的性能，防止脏版故障；降低版面因摩擦而产生的热量，控制版面油墨的温度；清除印版表面堆积的纸粉纸毛等杂质，清洗版面（图2-18）。

2. 湿润溶液的选择与使用

为了达到更好的使用效果，在选用湿润溶液时，还需要考虑以下问题：不降低油墨的转移性能；对印版和印刷机的金属构件没有腐蚀性；印刷过程中始终保持稳定的pH等。

为保证印版空白部分的充分润湿，必须提高润版液的润湿性能，即降低润版液的表面张力。平版印刷中印版空白部分的水膜要始终保持一定的厚度，既不可过薄也不能太厚，而且要十分均匀。能够明显地降低溶剂表面张力的物质就是表面活性剂，实际上，润版液就是由水和表面活性剂组成的。润版液中表面活性剂的组分、性质和用量对于保证印版空白部分的充分润湿，进而保证平版印刷的顺利进行，得到质量良好的印刷品，是至关重要的。

三、胶版印刷工艺流程

胶版印刷工艺流程包括：印刷前的准备、安装印版、试印刷、正式印刷，印后处理等。

1. 印刷前的准备

平版印刷工艺复杂，印刷前要作好充分的准备工作。纸张在投入印刷前，需要进行调湿处理（尤其是用于多色胶印机的纸张）。其目的是降低纸张对水分的敏感程度，提高纸张尺寸的稳定性。调湿处理一般有两种方法。一是将纸张吊晾在印刷车间，使纸张的含水量与印刷车间的温、湿度相平衡。二是把纸张先放在高温、高湿的环境中加湿，然后再放入印刷车间或印刷车间温、湿度相同的场所使纸张的含水量均匀。

油墨厂生产的油墨，一般是原色墨（Y、M、C三色），印刷厂在使用时，需要根据印刷品的类别，印刷机的型号，印刷色序等要求，对油墨的色相、黏度、黏着性、干燥性进行调整，此外，还要检查印版的规线、切口线、版口尺寸等。

印刷色序是个很复杂的问题，一般是透明度差的油墨先印；网点

（a）

（b）

图2-18　润湿溶液

（a）

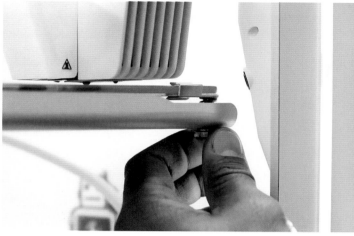

（b）

图2-19 印版的安装

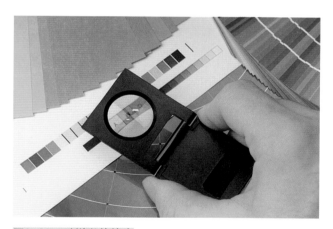

图2-20 对样张的检查

图2-21 印刷后待处理的印版

覆盖率低的颜色失印；明度低的油墨先印。以暖色调为主的人物画面，后印品红、黄色；以冷色调为主的风景画面，后印青色、黄色；用墨量大的专色油墨后印；报纸印刷，黑墨后印。单张纸四色印刷机大多采用黑、青、品红、黄的色序；单色机、双色机的色序比较灵活。

2. 安装印版

将印版连同印版下的衬垫材料，按照印版的定位要求，安装并固定在印版滚筒上（图2-19）。

3. 试印刷

印版安装好以后，就可以进行试印刷，主要操作有：检查胶印机输纸、传纸、收纸的情况，并做适当的调整以保证纸张传输顺畅、定位准确。以印版上的规矩线为标准，调整印版位置，达到套印精度的要求。校正压力，调节油墨、润湿液的供给量，使墨色符合样张。印出开印样张，审查合格，即可正式印刷。

4. 正式印刷

在印刷过程中要经常抽出印样检查产品质量，其中包括：套印是否准确，墨色深浅是否符合样张，图文的清晰度是否能满足要求，网点是否发虚，空白部分是否洁净等，同时，要注意机器在运转中有无异常，发生故障及时排除（图2-20）。

5. 印后处理

主要内容有：墨辊、墨槽的清洗，印版表面涂胶或去除版面上的油墨，印张的整理，印刷机的保养以及作业环境的清扫等（图2-21）。

- 补充要点 -

印刷机的类型

　　按印刷过程中施加压力的方式来分类，印刷机可分为平压平印刷机、圆压平印刷机、圆压圆印刷机。

　　平压平型印刷机是压印机构和装版机构均呈平面形的印刷机，印刷时，印版上与压印机构同时全面接触，所需总压力大，压印时间长，印刷速度慢，速度<1000印/小时，不适于大型机，一般小于四开，适于小幅面凸印，但是墨色鲜艳，图像饱满。

　　圆压平型印刷机是压印机构呈圆筒形、装版机构呈平面形的印刷机。压印时，版台在压印机构下移动，压印机构在固定位置上带动承印物旋转实现印刷。印刷时，压印滚筒与印版平面不是面接触，而是线接触，总压力较小，幅面可稍大。由于版台往复运动，印刷速度受限，速度<2000印/小时。适于凸版书刊印刷。

　　压印机构和装版机构均呈圆筒形的印刷机是圆压圆型印刷机。压印机构的滚筒叫压印滚筒，装版机构的滚筒叫印版滚筒，印刷时压印滚筒和印版滚筒不断作圆周运动，压印滚筒带着承印物与印版滚筒接触，互相以相反方向转动，印出印刷品。线接触，结构简单，运动平稳，避免了往复运动的惯性冲击，可以提高印刷速度，单张纸印刷可达20000印/小时。印刷装置可以设计成机组型，进行多色印刷，生产效率提高。

第四节　无水胶印技术

　　与现有的有水胶印相比，无水胶印过程没有水的参与，它是一种采用特殊的硅橡胶涂层印版和油墨进行印刷的平版胶印方式，不需要传统平版胶印中所必需的异丙基乙醇或其他化学润版液。无水胶印过程操作简单，不用调节水墨平衡关系，在一定温度范围内把油墨转移到印版上。

一、无水胶印的历史

　　20世纪70年代初期，由美国3M公司最先推出干胶印技术（Driography）。当时，由于制出的印版易划伤，空白部分不稳定，印刷时的温度升高现象难以控制，加之油墨的配套开发和印刷的成本较高，使3M公司停止了无水胶印版的生产。但是对于无水胶印的研究并没有就此停住，研究人员沿着这一思路不断探索，使无水胶印技术不断成熟，取得巨大进步。1972年从事合成材料开发和制造的日本东丽公司购买了3M公司的Driography技术专利和Scott纸业公司干胶印的相关专利，成功研制出了阳图型无水胶印版，并于20世纪70年代中期就开始正式销售本公司研发的无水胶印印版，实现了无水胶印印版的产业化。为了开发北美市场，1982年东丽公司又研制出阴图型无水胶印版和制版工艺，实现了单张纸和卷筒纸无水胶印工艺。

　　20世纪80～90年代，日本文祥堂株式会社在公司内部大幅度改有水印刷为无水印刷，且实现了生产调度控制的计算机管理，该公司长期聘请无水胶印技术的权威研制者作为技术顾问，使无水胶印在该公司的采用率达到85%左右，公司的产品质量水平和经济效益有了大幅度提高，20世纪90年代中期文祥堂株式会社和北京外文印刷厂合资成立北京文祥彩色印刷有限公司，创建初，公司主要以无水胶印技术为主，成为中国无水胶印技术的试验田。

二、无水胶印的原理

无水胶印的印版是在感光层上再涂了一层硅橡胶层，曝光前感光层与硅橡胶层牢固地黏附在一起，感光后感光处（非图文部分）产生光聚合反应，使上层的硅橡胶层黏附而固定下来，具有硅胶斥油特性。无水胶印印版是平凹版结构，印版的空白部分凸起而且是不吸附油墨的硅橡胶，而图文部分则能很好地吸附油墨。显然，胶印遵循着界面化学的润湿、吸附和选择性吸附的规律。无水胶印与传统胶印在制版和印刷工艺上基本是相同的，最主要的区别就是无水胶印不使用润版液；此外由于版材的涂层不同，也会对工作人员有更新的要求（图2-22、图2-23）。

无水胶印的优点，总结起来主要包括三大方面。

1. 印刷质量高

由于无水胶印不使用润版液，其网点扩大率低，因此具有较好的网点再现性，尤其是暗点的细节都能很好再现；由于无润版液，不会造成纸张的伸缩变形，尤其在对水敏感的材料，如宣纸、书写纸及薄纸等，能提高套印的精准度；印品墨层均匀厚实，墨色鲜艳。

2. 节约印刷成本

由于不使用润版液，降低了生产成本，同时在起印时不需要花费大量的时间来达到最佳的水墨平衡，加快了起印速度，减少了过版纸的使用；在印刷过程中，能够减少由于水墨平衡的变化而造成的停机时间，提高生产效率，从而获得经济效益。

3. 有利于环境保护

因为无须使用酒精等化学药品，所以能改善工作环境。

无水胶印的主要缺点：一是印版成本过高，二是耐印力低，三是适用于低速小幅面印刷。

图2-22　无水胶印技术

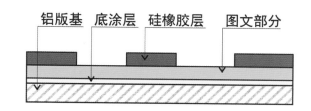

铝版基　底涂层　硅橡胶层　图文部分

图2-23　无水胶印原理

三、无水胶印系统

无水胶印系统主要由三部分组成：无水印版、无水油墨以及印刷设备温度控制系统。

1. 无水胶印印版

目前生产的无水胶印印版主要有美国Presstek公司为代表的数字无水胶印印版和以日本Toray公司为主导的传统光敏性无水胶印印版。美国Presstek公司研制的无水印版Pearl Dry是热敏版，不需晒版处理和化学显影。"PearlDry"是第一张无须化学显影的印版，专为无水胶印设计，在成像后，还需要进行清洗，擦洗掉印版表面被烧蚀的颗粒。Pearl Dry无水印版可以在制版机上直接成像，印版的最大幅面为102cm，最大加网线数为240线／英寸。日本Toray公司生产的版材有两种：一种是需胶片曝光、晒版处理的感光无水胶印印版，另一种是计算机直接制版用印版。

（1）Pearl Dry无水印版。作为Presstek的产品，Pearl Dry无水印版由四层组成：斥墨的硅橡胶层、吸光成像层、吸墨层、铝基层或聚酯基层。在制版时，首先需要先将所要印刷的图像和文字部分用计算机进行处理，处理好的图像通过RIP进行转换，利用转换解释后的数据加上红外线激光头的驱动来控制红外线激光头阵列，然后对印版进行"曝光"，整个过程类似于CTP技术。经过照射后的印版，图像形成层（吸光成像层）的物质迅速升温变成气体，气体膨胀使其上面的硅胶层从印版上脱离，然后经过除尘后就露出了印版的吸墨层用以着墨，形成印版图文部分。印版成像后，须经过简单清洗，并自动安装在印版滚筒上。Pearl Dry无水印版成像的整个过程，不需用胶片、不需曝光、不需处理（图2-24）。

（2）Toray无水印版。Toray无水印版可用于单张纸印刷机和卷筒纸印刷机，像传统PS版一样，Toray无水印版可以再生，不同类型的Toray无水印版，印量也不各不相同，从12万～50万印不等，并且印量的多少还取决于所用纸张类型。Toray无水印版结构可分三层，最下面为铝基层、感光树脂层、两微米厚的硅橡胶涂层。传统无水印版（Toray印版）是用阳图底片曝光，是一种光敏性无水胶印印版。其晒版装置、光源与普通PS版制版一样，曝光控制也没有太大的差异（图2-25）。

Toray无水印版在曝光时，通过胶片控制的UV光，穿透硅橡胶层，到达感光树脂层，图文部分的感光树脂吸收UV光而发生反应，使上层硅橡胶层脱落。曝光结束后，还必须采用特殊的化学和机械方法对印版进行加工处理。处理好的无水印版上的非图文区域是斥墨的硅橡胶层，而图文区域上，硅橡胶层被除去，留下吸墨的感光树脂层，从而实现成像。这种

光反应十分精细，印版也容易得到很高的分辨率，在加网线数为175线／英寸时，可再现0.6%～99.6%之间的网点。但是无水印版上非图文部分有时会轻易划伤硅橡胶层，露出其下吸墨的感光树脂层，这时需用到其特制的修版液（液体硅橡胶），来修复划伤的部分。

2. 无水胶印油墨

无水胶印油墨是一种专用油墨，其基本成分与平版胶印的油墨相似，但无水胶印油墨中往往需要加入一种特殊的连结料，以达到特定的黏度和流变性，这种连结料主要成分是高黏度的改性酚醛树脂及高沸点的非芳香族溶剂，遇热易分解，故在印刷时环境温度一般保持在23～25℃。为了确保不出现脏版（即空白部分不带墨），无水胶印油墨比常用胶印油墨黏度高，同时还要求油墨中不含粗糙的颗粒，从而避免颗粒摩擦产生热量而降低油墨的黏度，以及印版表面保护膜的划伤。

3. 温控系统

由于输墨装置的运转碾压，着墨辊温度会升至很高（可高达50℃）；加之又没有润版液的冷却作用，容易造成糊版。所以必须在印刷机上安装温度控制系统，以便精确地控制温度。一般采用串墨辊内的水流降温或吹风散热降温（通常与印版滚筒的冷却装置相连）来实现温度的控制。

目前最常用的温度控制系统是冷却串墨辊，冷却液在串墨辊中间进行循环。在高速卷筒纸印刷机上，这种温度控制系统已使用多年，目前，经过修改后，这项技术也应用在单张纸印刷机上。温度控制系

图2-24 Pearl Dry无水印版

图2-25 Toray无水印版

图2-26　Epson喷墨打样机　　　图2-27　Canan喷墨打样机

统的功能是在串墨辊中循环足够的冷却液，来带走印刷单元机械作用所产生的热量。着墨辊的温度应该不超过28～30℃。需要注意的是无水印刷的打样，并不能使用传统打样机进行。因为传统打样机上的网点扩大比无水印刷要大。许多无水印刷厂家使用数码打样系统，如Epson和Canan公司的喷墨打样系统（图2-26、图2-27）。

第五节　胶版印刷常见问题

平版印刷工艺复杂，印刷过程涉及机械、材料、电子等许多技术领域，生产中出现的印刷故障也十分复杂，故障产生的原因往往与许多因素有关。

一、纸张的掉粉、掉毛

纸张表面细小的纤维、涂料粒子脱落的现象，称为纸张的掉粉掉毛。从纸张上脱落下来的纤维、粒子堵塞印版的网纹，造成印刷品脏污，并使印版的耐印力下降。

为了防止或减缓纸张的掉粉、掉毛，应选择表面强度高的纸张印刷；在油墨中加入撒粒剂，降低油墨的黏着性；在油墨中加入稀释剂或低黏度的调墨油，降低油墨的黏度；适当地降低印刷压力、印刷速度。

二、油墨的叠印不良

后印的油墨不能很好地附着在先印的油墨之上，或者后一色的油墨把先印

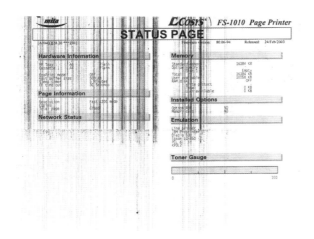
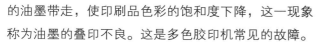

图2-28 墨杠

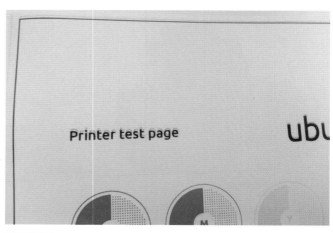

图2-29 套印不准

的油墨带走，使印刷品色彩的饱和度下降，这一现象称为油墨的叠印不良。这是多色胶印机常见的故障。

为了防止油墨的叠印不良，在多色胶印机上，使用的油墨，黏着性和黏度应按印刷顺序依次减小。印版上的墨层厚度最好能按照印刷顺序依次增大。

三、印品空白部分上脏

印刷品空白部分出现墨污的现象称为上脏。

排除的措施有：增加印版的供水量；增大润湿液的酸性，增加水辊的压力；对版面进行亲水性处理等。

平版印刷中，常见的故障还有印品背面蹭脏、花版、糊版、掉版、墨杠等（图2-28）。

四、套印不准

指印张上的图像发生纵向（沿纸张的输送方向）、横向（与纸张输送方向垂直）或局部出现的偏移现象，一般是纸张和印刷机引起的（图2-29）。

从纸张方面排除套印不准的措施有：检查纸张的裁切精度，使之达到规格要求；吊晾纸张，消除卷曲、波浪形、紧边等纸病；采用丝缕相同的纸张印刷等。

从印刷机方面排除套印不准的措施有：调节前挡规、侧挡规到正确的位置；调节摆动牙位置；更换被磨损的叼纸牙；调节套准印机构，使各部件动作协调等。

课后练习

1. 简述胶版印刷的印刷原理。
2. 胶版印刷的印版分为哪几类？
3. 胶版印刷有什么局限性？
4. 陈述无水胶印技术流行的原因。
5. 以小组为单位调查我国胶版印刷的现状，然后制成PPT做出汇报。
6. 思考计算机制版技术未来会如何发展，突破方向在哪里？

第三章
柔性版印刷

学习难度：★★☆☆☆
重点概念：柔性版印刷、印刷工艺、
直接制版、感光树脂

◀ 章节导读

　　柔性版印刷看似是一个十分生疏的名词，但是它其实离我们的生活并不远，生活中的商标标签、方便面纸箱、塑料软包装等的印刷大多是运用柔性版印刷技术完成，与其他印刷方式相比它有其独到的优势，使其成为现代印刷行业运用最广泛的四种方式之一，近几年柔印技术取得突破性的发展，在国外甚至某些领域已经渐渐代替了胶印，所以本章将结合柔印领域最新技术成果，对这一印刷方式做出详细的介绍，让大家对印刷有进一步的理解（图3-1）。

图3-1　柔性版印刷

第一节　概述

　　柔性版印刷发展至今已有百年历史，原名阿尼林印刷（Ani-line printing），是以其使用苯胺染料制成挥发性液体色墨进行印刷而得名，又称苯胺印刷（图3-2）。第一台苯胺印刷机是1890年在英国制成，经过大约30年时间试用，到20世纪30年代由于包装印刷需要量逐渐增加，特别是卷筒纸、玻璃纸包装印刷品用于生产，开始有了发展。由于苯胺印刷的材料采用橡皮胶版，故也称"橡皮版印刷"。当时橡皮版的制版技术较差，不能承印质量要求较高的产品，以后在30～50年代期间，苯胺印刷技术设备和工艺有了改进，油墨结构起了变化，实际上印刷生产已经不使用苯胺染料作为油墨的主要组成成分，也由于印刷版材采用柔性感光合成橡胶，因此于1952年10月第十届世界包装会议专题讨论通过，把原名苯胺印刷改名为"柔性版印刷"（Flexographic printing）。50年代以后，由于感光柔性版材和网纹墨辊技术改进有了重

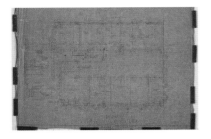

图3-2　阿尼林印刷品

图3-3　早期柔性版印刷机

大突破，新型印刷机不断更新对提高印刷速度和印刷质量起了很大作用，这样就使柔性版印刷得到了更广泛的应用和发展（图3-3）。

柔性版印刷所使用的印版材料具有弹性，受压时稍微变形，可以更好地转移油墨，适应多种承印物的表面特性，所以，柔性版印刷可以称作为一种使用有弹性的凸版和比较稀薄的印刷油墨、利用网纹传墨辊以短墨路涂墨的印刷方式。

一、柔性版印刷的特点

柔性版印刷的特点是印版柔软，油墨传递性好，耐印率高（100万印），承印材料范围比较广；印刷品质量好，层次丰富，色彩鲜艳，视觉效果好；采用新型的水性油墨，无毒无污染，完全符合绿色环保的要求，也能满足食品包装的要求；柔性版印刷采用的是卷筒材料，不仅能够实现承印材料的双面印刷，还能实现联机加工，大大缩短了生产周期，节省了人力物力，提高生产效率；印刷机结构简单，操作和维护简便，设备投资少、见效快、收益高。但是，需要注意的是，正因为柔性版印刷的印版具有弹性，印版会受压而稍微变形，所以也影响印刷质量。

二、柔性版印刷应用范围

柔性版印刷是现代印刷行业中一种重要的印刷方法，应用于印刷器皿、折叠的外包装箱、袋、食物包装盒、标签、信封及包装纸等。由于柔性版具有弹性，特别适合于只能承受低压力的承印物，如瓦楞纸箱，在美国98%的瓦楞纸箱由柔性版印刷完成。此外柔性版印刷也应用于出版业，主要印刷漫画、纸张插页等（图3-4、图3-5）。

图3-4　瓦楞纸箱

图3-5　漫画

第二节　柔性版印刷原理

柔性版印刷先将卷装承印物安装至印刷机，然后经过多个印刷单元完成印刷后，以卷装回收，或用连线分纸机切分为单张纸后回收。印版图文是反图，高于空白部分，突出于印版表面。当墨辊均匀地涂布油墨于版面时，只有突出印版表面的图文部分才会接触到墨辊，实现油墨从墨辊至印版的准确转移，然后印版图文上的油墨通过压印转移到承印物的表面，产生一个正体的印刷图文（图3-6）。

柔性版印刷机的供墨系统是短墨路供墨系统，结构简单，主要由墨槽、墨斗辊、刮墨刀和网纹辊构成。网纹辊作为其核心部件，其表面分布着很多形状一致的微小细孔，称为"着墨孔"，这些着墨孔的主要作用是储墨、匀墨和定量传墨，其常见形状有柱形、锥形、球形等，截面形状有六边形、三角形、菱形等（图3-7）。

一、柔性版印刷机

柔性版印刷机大多使用卷筒式承印材料，采用轮转式印刷方式。主要有机组式、卫星式、层叠式三种。

1. 机组（排列）式柔印机

这种柔印机各色印刷机组互相独立且呈水平排列，可实现多色印刷，通过变换承印物的传动路线还可实现双面印刷。其零件标准化、部件通用化、产品系列化程度较高，配置灵活，操作维修方便，易实现组合印刷与印后连线加工。应用范围广，适合各种标签、纸盒、纸袋、礼品包装纸、不干胶纸等印刷。

2. 卫星式柔印机

与机组式相比，卫星式柔印机具有更高的套印精度和印刷速度，且机器的

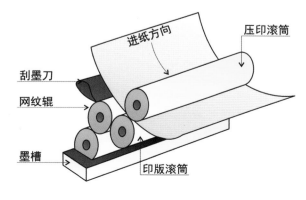

图3-6　柔性版印刷原理

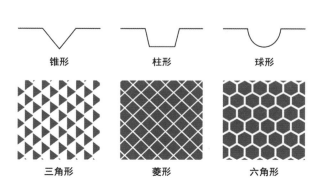

图3-7　网纹辊网穴形状与结构

结构刚性好，使用性能更稳定。各印版滚筒在共同压印滚筒的周围，承印物在压印滚筒上通过一次可完成多色印刷。但是各滚筒之间距离短，因而要求油墨干燥速度快。承印材料广泛，既可印刷29～700g/m²的纸张和纸板，又可印刷铝箔、薄膜等材料，特别适用于印刷产品图案固定、批量较大、精度要求高的伸缩性较大的承印材料。

3. 层叠（叠加）式柔印机

这种柔印机占地面积小，层叠式排列使印刷部分具有良好的可接近性，便于调整、更换，清洗等的操作。可将其与裁切机、制袋机、上光机等联机使用，以实现多工序加工，具有良好的使用性能。可进行单面多色印刷，也可通过变化承印物的传送路线实现双面印刷，提高了使用范围。

二、油墨转移步骤

首先，墨槽中的油墨通过墨斗辊被转移到网文辊上，网纹辊网穴和网纹辊的表面都带上了印刷油墨。然后，网纹辊表面的油墨被刮墨刀刮去，只保留下了网穴中油墨。接着、网穴中的油墨在压力的作用下，转移到柔性印版上。最后，在滚筒间压力的作用下，印版上的油墨被转移到承印物上。

第三节　印刷油墨

柔性版印刷的油墨黏度低，干燥速度快，属于牛顿流体。柔性版油墨的种类很多，目前以水性（环保型油墨）、溶剂型（非环保型油墨）两种挥发干燥的油墨为主，其连结料以溶剂或水、树脂组成，同时也有紫外线固化型油墨，采用紫外光光照完成瞬间固化干燥。

采用水性油墨的柔性版印刷在近年来发展十分迅猛，尤其是在商品包装印刷领域。主要原因有二，其一是采用水性油墨进行印刷，具有先天的环保优势，可广泛用在食品、药品等的包装材料上；其二是水性油墨柔性版印刷的技术和产品质量得到很大提高，已能满足精细产品的印刷要求。

第四节　柔性版制版方法

一、柔性版版材

柔性版版材早期主要为橡胶版，后来开始使用感光树脂版，而感光树脂版分为液体感光树脂版和固体感光树脂版。液体感光树脂版可以有不同的硬度、厚度和浮雕深度；固体感光树脂版近年来发展很快，其厚度均匀、宽容度大，能容纳精细高光层次，制版非常简单，制版收缩量小，耐印力高。在现代柔性版印刷行业中，主要运用的是固体感光树脂版（图3-8）。

固体感光树脂版主要由聚酯保护层、感光树脂层、聚酯支撑膜三部分构成。聚酯保护层，为磨砂片基，作用是阻挡光线照射树脂层而发生光化反应以及

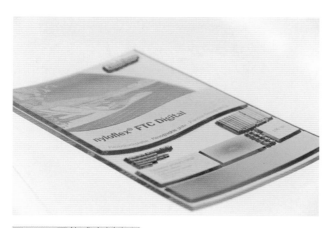

图3-8　固体感光树脂版

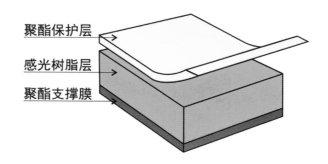

图3-9　固体感光树脂版结构

防止感光树脂层被擦坏，造成废版；感光树脂层是版材的主体，其感光性能应稳定可靠，涂布均匀，厚度一致，平整度好；聚酯支撑膜是固体版的基础，其作用是保证感光版尺寸大小之稳定性，在背面曝光后树脂被束缚于此基底胶膜上（图3-9）。与平版印刷使用的PS版一样，固体感光树脂版是一种预涂版，平时储存在避光的纸盒内，使用时取出，根据实际需求裁切，十分方便。

二、固体感光树脂版制版

制版在整个柔性版印刷工艺中尤为重要，直接关系到印刷质量，固体感光树脂版制版的主要步骤如下。

1. 版材裁切

在进行版材裁切时要根据阴图尺寸，同时版面应预留12mm的余量。

2. 背面曝光

背面曝光指感光树脂版的支撑膜向上、保护膜向下平铺于曝光抽屉中接受曝光，以使印版背面的感光树脂经过光化学反应而形成硬化的底层。目的是建立稳固的底基，也可控制洗版深度，加强支撑膜与感光树脂层的结合力。

关于曝光时间长短，可从版材的型号、光源种类、图文的不同以及所需的浮雕高度等方面综合考虑，通过预先的曝光测试来确定。背面曝光时间的长短决定了版基的厚度，曝光时间越长，版基越厚。所需印版的硬度越大，曝光时间应越长；厚度不同的版材所需的背面曝光时间也不同，厚度越厚，曝光时间也应越长。

3. 主曝光

主曝光是指感光树脂版材支撑膜朝下，保护膜朝上，平铺在曝光抽屉中，通过阴图底片对版面的感光层进行曝光，从而建立印刷图文的过程。将背面曝光后的版材正面的保护层揭掉，与阴图胶片密合，抽真空后进行曝光。版材的感光树脂在紫外光的照射下，发生聚合交联反应而硬化，使见光区域（图文部分）的感光树脂成为不溶性物质，而未见光部位（非图文部分）仍保持原有的溶解性。

主曝光时间长短由版材型号和光源强弱确定。曝光时间过短会使图文坡度太直，线条弯曲，小字、小点部分被洗掉，反之曝光时间过长会敷版，字迹模糊。如果在同一张印版上有大、小字，粗、细线条，可视情况用黑膜遮盖分别曝光，细小部分就不会因冲洗丢失，以确保印版质量（图3-10）。

4. 显影

柔性版显影是在专用的显影机内完成的（图3-11）。通过显影，未曝光部位（非图文部分）的感光树脂在溶剂的作用下用刷子除去，刷下的深度就是浮雕的高度，而见光部位（图文部分）硬化的感光树脂仍保留在印版上，形成凸起的浮雕图文。洗版时间长短根据印版厚薄和印纹深浅决定，洗版时间太短，版上会留下未感光的树脂而影响制版深度，洗版时间过长会使版材膨胀，导致精细部分变形或脱落。

（a）

（b）

图3-10　柔性版曝光机

图3-11　显影机

图3-12　后处理完成后的印版

5. 干燥

干燥的目的是去除洗版溶剂，使印版恢复原来尺寸厚度。烘烤温度一般在50～60℃，也可以在室温下放置24h，自然晾干。烘烤时间依版材厚薄和洗版时间的长短确定，一般厚版2h，薄版1h。烘烤时间过长，烘版温度过高将会使印版变脆而影响印刷寿命。烘烤温度过低将延长烘干时间，烘烤时间过短，印刷时会出现烂版现象。

6. 后处理

后处理包括除黏与后曝光。使感光树脂彻底硬化（聚合）达到应有的硬度指标，使高弹性的聚合物充分交联，以提高印版耐印力，并消除印版黏性，以利油墨传递。后处理时间由测试所得，目的在于不龟裂、不黏着（图3-12）。

三、计算机柔性版制版

相比传统制版，计算机柔性直接制版优点有：实现了无胶片直接制版，节省了胶片和冲洗药液的消耗，降低了制版成本，保护了环境；无需胶片及抽真空，没有光散射，不会出现脏点和烂版现象。反白阴字不容易被填没；从根本上避免了由负片引起的各种故障，如诸如漫散射现象和网点与实地高度不等等，减小了网点增大和网点丢失的出现，印版图文部分更加趋于平衡，提高了阶调的再现范围，使印版质量有了显著提高；直接制版技术适用于制作无接缝套筒印版，为壁纸印刷和包装、装饰材料印刷提供了有利条件。目前投入使用的直接制版系统主要有激光成像直接制版方式和激光直接雕刻制版方式。

1. 激光成像直接制版

（1）CDI数字制版系统。CDI是由巴可与杜邦两家公司合作开发的柔印直接制版系统，是利用数字成像输出技术和杜邦赛丽DPS版材联合研制的柔性版数字直接制版技术（简称CDI技术），可以将数字化信息直接转到激光光敏印版上，解决了传统柔性制版印刷术发展过程中碰到的各种各样的问题，使柔印品质得到提高与发展。目前所使用的直接制版专用数字版材主要有两大类，即杜邦公司的Cyrel DPS或DPH版和巴斯夫公司的Digiflex版，其结构基本相同。CDI指的是CyrelDigital Imager，也就是赛丽版直接制版机，CDI计算机激光直接制版机采用外鼓式双激光头结构，使用60W的YAG激光器产生红外线，可直接在Cyrel DPS或DPH专用版材上曝光，以烧蚀版材图文部分的黑色吸收层，形成阴图，烧蚀掉的地方露出树脂层，然后再进行曝光、显影、烘干、后曝光等加工，制成柔性版（图3-13）。

（2）制版流程

1）安装版材。当真空吸气装置启动时，操作人员将版材安置在滚筒上，滚筒转动，吸气装置将版材吸附在滚筒上。版材的连接处用胶粘带密封以达到真空。

2）揭去保护膜。在激光成像之前揭去保护膜。为了防止灰尘、异物等黏附在版材表面，揭去保护膜后应立即进行激光成像曝光。

3）激光成像曝光。由桌面系统传来的数字信号通过计算机控制柔印直接制版机CDI内的YAG激光头，滚筒缓慢转动，激光头沿着滚筒轴向移动进行曝光，将与图文部分相对应的版材上的黑色吸收层烧蚀，露出感光树脂层，从而完成由数字印刷图文到版材上的转移。

4）激光成像后，其余各工序（从背面曝光到完成印版的制作）与传统制版相同，这里不再重复。

2. 激光直接雕刻制版

作为计算机直接制版的一种形式，激光直接雕刻制版方式是以电子系统的图像信号控制激光，直接在单张或套筒式柔性版材上进行雕刻，制成柔性版。激光雕刻的柔性版制版是一种直接数字版，制版过程全数字化。经雕刻完成的印版只需用温水将灰尘清洗掉，就可以上机印刷，体现出了高精度、简

（a）　　　　　　　　　　（b）

图3-13　杜邦CDI直接制版机

便、快速制版过程的优势，具有良好的发展前景（图3-14）。

该系统由两部分组成，其一是桌面出版系统，其二是激光雕刻系统，其接口采用标准数据文件格式，也具备编辑、校正、连晒和其它预处理功能。操作界面简单灵活，系统也可读取光盘图像文件和网络图像文件。激光直接雕刻制版的最大特点就是，省去了干燥、冲洗环节，避免冲洗过程印版膨胀和干燥不良易造成的印版厚度偏差，从而保证印版质量稳定，缩短了制版时间，节省了大量费用。

激光雕刻柔性版主要有激光雕刻橡皮版、无接缝橡皮版、无接缝橡皮套筒印版三种形式。

激光雕刻橡皮版是目前激光雕刻柔性版的主要形式，既可雕刻线条版，也可雕刻层次版，主要用于纸箱印刷、宽幅和窄幅卷筒纸及塑料印刷等方面，可以满足一般包装印刷品的要求，其加网线数一般不超过120线／英寸。

作为激光雕刻制版的特色产品之一，无接缝橡皮版能实现卷筒纸无接缝连续印刷，这类连续印版广泛用于包装纸、糖果纸、墙纸、表格纸、装饰纸、票证底纹的印刷中。

激光雕刻无接缝橡皮套筒印版是印刷业激烈竞争的产物，在国外发展迅速。这是无接缝橡皮版的一种特殊形式，是套筒式印版在柔印中的应用，具有重量轻、装卸方便、套印准确等特点（图3-15）。

图3-14 柯达FlexcelDirect激光直接雕刻机

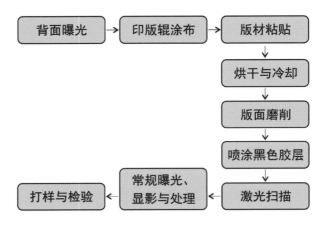

图3-15 激光雕刻无接缝橡皮套筒印版流程

－ 补充要点 －

DTP系统

DTP是Desk Top Publishing的缩写，又名彩色桌面出版系统，是20世纪90年代推出的新型印前处理系统。它的问世，从根本上解决了电子分色机处理文字功能弱，不能很好地制作图文合一的阴图底片的缺陷。彩色桌面出版系统，从总体结构上分为输出、加工处理和输出等三大部分。

输入设备的基本功能是对原稿进行扫描、分色并输入系统，如扫描仪，电子分色机、摄像机等；加工处理设备统称为图文工作站，基本功能是对进入系统的原稿数据进行校色、修版、拼版和创意制作，并加上文字、符号等，构成完整的图文合一的页面。输出设备主要由高精度的激光照排机和RIP（光栅图像处理器）两部分组成。RIP接受PostScript语言的版面，将其转换成光栅图像，激光照排机利用激光，将光束聚集成光点，打到感光材料上使其感光，经显影后成为黑白底片。

第五节　印刷工艺

一、原稿的要求

1. 原稿的可行性

在设计构思过程中必须充分了解柔性版印刷的特点；必须充分考虑原稿交付制版、印刷中的工艺操作的可行性。原稿中的图案、文字、色彩的选择，首先要符合柔性版制版、印刷的生产要求；其次要适合印刷厂家的设备、材料及操作等实际水准；还要满足用户商品包装的具体实用标准，只有这样才能保证原稿设计与柔印产品印刷达到较为理想的质量标准（图3-16）。

2. 彩照

在设计柔性版印刷的原稿时应少选彩照。柔性版印刷属于凸版印刷，在使用网线层次版印刷时，高光部分再现困难，而暗调部分变化不明显，因而难以体现色彩自然过渡、层次丰富的变化效果（图3-17）。

3. 绝网

柔性版印刷最忌"绝网"（网点百分比小于1%）。应该要求原稿设计者尽量避免出现过多的高光部分，原稿中确实需要有高光部分的存在，要劝说设计人员：按目前的版材质量和制版技术，应该允许制版商在高光点部分保留1%～2%的网点，来获得接近高光的效果。

4. 其他

避免使印刷滚筒的水平方向设计宽而长的条杠和实地，为了避免引起强烈振动，理想的是斜线、曲线、浪纹线及其他规则的曲线；版面上避免设计较大的圆形图案。

二、柔印的工艺要点

1. 分版

四色网纹版、文字线条、实地满版要区分开来，文字线条不能与实地做在同一色印版上；网点更不能与实地做在同一色印版上；小文字、细线条与大文字、粗线条也应分版印刷（图3-18）。

2. 专色

分色能采用专色的，尽可能采用专色。专色由四色网点叠印出来，会给柔制版、印刷带来很大的麻烦，是不提倡的；柔性版印刷的专色，其色彩的鲜艳、饱和程度明显优于平版印刷、凹版印刷方式；要充分运用柔性版专色印刷这一显著特点（图3-19）。

3. 拼版尺寸

拼版尺寸视产品结构而定。要根据成品的尺寸拼排印刷版的大小，须考虑纵向和横向两方面的尺寸。柔性版印刷是由印刷品拼版的重复周长来换算成印版滚筒的节圆周长，习惯上再换算成印版辊的齿数。1

图3-16　不太适合柔印的设计稿

图3-17　色彩绚丽的包装盒设计

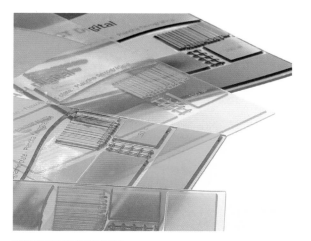

图3-18　柔性版分版

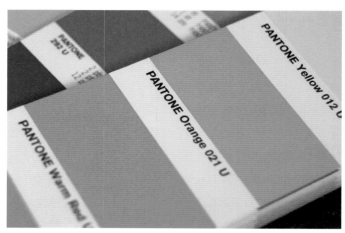

图3-19　专色

个齿为3.175mm节圆弧长，印版滚筒重复周长80～100齿。

三、印刷操作

印刷操作是整个柔性版印刷中的焦点所在。它将体现印刷设备、材料选配、工艺制定、操作水平在实际生产过程中真实技术水准。所有操作程序都是由人来执行的，正确操作每一工序，是对操作人员的最基本要求。

通常的操作顺序如下：

上卷料→走纸→调整纠偏→装网纹辊→上版辊→调节三辊压力→用墨→压印→套准→张力控制→干燥→模切→分切→收卷。

其中走纸、调节压力、控制张力、调节pH和黏度、模切成品是操作要点。

1. 走纸

上卷料之后，卷料的中心位置也就是印刷的中心轴位置，这点很重要，因为制版、贴版，上卷料，纠偏、模切、分切等都是按中心轴为基准的。承印材料按印刷走纸线路穿过各导纸辊、纠偏器、张力辊、印刷压印辊、干燥箱、模切辊、分切辊等，由收卷轴卷料。穿纸后可开动机器，让承印材料走纸平稳，同时应调整张力，使承印材料承受一定的张力控制。调整纠偏，让承印材料边缘经过探头传感器的中心部位，调整时应该使纠偏器保持其处于左右摆动的中间位置，以确保纠偏动作准确无误（图3-20）。

2. 压力的调节

柔性版印刷压力的调节是保证产品质量的关键步骤，千万马虎不得。三滚筒压力调节可以达到三滚筒之间的平行度；又可达到三滚筒之间的两端压力相等。每一次新产品印刷都必须调整三滚筒之间的压力。印刷压力的调节是要求操作人员认真细致进行的一项工作。最主要是两个方面的压力调节：陶瓷网纹辊与印版滚筒之间的压力；印版滚筒与压印滚筒之间的压力（图3-21）。

首先调节三辊之间的间距。在合压的状态下，网纹辊与印版辊之间的间

图3-20　印刷中的走纸

图3-21　柔版印刷机中的滚筒

距，印版辊与压印辊之间的间距是一样的：0.38 +
1.70 = 2.08 mm（0.38为双面胶厚度，1.70为印版厚
度）。可以选用两根2.08 mm厚度的标准塞尺，在印
刷机组合压的情况下，将标准厚度的塞尺置于两辊之
间的两端（无印版或承印物处），手工调节网纹辊与
印版辊，印版辊与压印辊之间的间距，使得它们各自
两端的标准塞尺拉动阻力相同为止。此时的间距就是
印刷中的理想压力值，但与实际使用压印力有微小差
别，需要操作人员在正常印刷中作微调。

在柔印机慢速运转中，从第一色组开始合压，首
先观察网纹辊对印版辊图文表面的传墨情况。可从两
端分别进行微调来达到最佳传墨效果。网纹辊对印版
的传墨压力以轻为好，这有利于正确传递油墨，保证
图文印迹质量和保护印版不受损。

其次，观察印迹转印情况。承印材料表面的印迹
的清晰程度是转印压力正确与否的印证。通过印版辊
微调螺杆进行压印力调节，两端由轻加重逐渐进行，
直至印迹完全清晰为止。

柔性版印刷是一种轻压力印刷工艺，远远小于平
版印刷、凹版印刷压印力。网纹辊对印版的油墨转移
力还是印版对承印材料的压印力，都要求以小为主，
即"点到为止"。这样才能保证印迹质量，尤其是网
线版印刷的网点质量。柔性版印刷压力过大是一个弊
端，必须克服。

3. 张力控制

承印材料在印刷过程中受到外来的拉力和阻力可

称为印刷张力。张力控制是任何卷筒印刷机一个很重
要的机构，张力控制的准确，在很大程度上决定印刷
品的套印质量。而同样，柔性版印刷除需要由各色印
版制作的精确，各印版滚筒机械定位的精确之外，在
印刷过程中由张力控制装置来确保印刷张力的恒定，
是确保套印准确的关键所在。

张力控制装置主要设于放卷部分、印刷部分和收
卷部分。卷料输出需要拉力，卷料转动有惯性，卷料
本身内部也有卷紧张力，加上印刷速度的拉力，印刷
过程中各色套印对承印材料的阻力使得放卷、印刷、
收卷部分的张力控制显得非常重要。

张力控制值的大小应视承印材料的厚薄、质地来
决定。承印材料越厚张力值越大，质地偏硬张力值更
大。反之，承印材料越薄、张力值要小。如超薄型材
料，张力控制要求更高，因为它要顾及承印材料起
皱、拉伸等问题。

印刷张力控制的适合点，是以多色印刷套印"十
字线"全部套准，并不会来回"移动"为标准。如果
发现在印刷过程中"十字线"套印不稳定，可适当调
整放卷或收卷部分的张力，使各色"十字线"套准稳
定为止（图3-22）。当然，印刷速度也是影响张力稳
定的因素，低速、中速、高速情况下的张力控制是不
完全相同的，建议在正常印刷速度的前提下调整张力
控制为好。

印刷过程中经常会发生套印不准，或者常常"走
位"的现象。人们习惯去调节印版辊，或去寻找设

图3-22 "十字线"套印

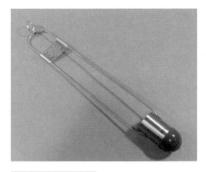

图3-23 蔡恩杯

备，配件，材料等原因，这是不得要领。其实，如果先从张力控制着手稍稍细心调整一下，套印不准的问题就会迎刃而解。

4. pH和黏度

在印刷过程中有效地控制水性油墨的pH和黏度是保证印迹质量的主要操作步骤。

水性油墨的pH由专用测试表测定，一般要求pH在8.5左右，在此值内水性油墨相对比较稳定。在使用过程中随着温度的上升，及水墨中氨类的挥发，pH会发生变化，影响水性油墨的印刷适性。对此可添加少量稳定剂来控制pH。在正常印刷中通常要求每半小时加5mL的稳定剂，并将其搅拌均匀，水性油墨可保持较稳定的正常印刷适性。然而切不可随意添加稳定剂，否则会影响印迹质量，各种印刷缺陷随之而产生。

黏度由蔡恩杯来测定（图3-23）。不同品牌的水性油墨使用黏度略有不同，通常在25~30s左右，印刷网点时黏度可稍高点。当黏度偏高时，可用少量净水进行调节。当然在添加稳定剂时也可以起到降低黏度的作用。但在印刷过程中随着温度的上升、印刷速度的变化，水性油墨的黏度会改变，操作人员应经常检查墨斗中水性油墨黏度状况，给予适当调整。

－ 补充要点 －

我国柔性版印刷的发展

20世纪80年代初：引进简单的层叠式柔印机，中国柔性版印刷的初级阶段。

20世纪90年代中期：制版，油墨，配套成熟，新的发展时期。

20世纪末：引进窄幅（国内）、宽幅、机组式和卫星式柔印机。

现在国内的柔印机用于烟包印刷的占30%；用于标签印刷的占15%；用于不干胶印刷的占35%；其他印刷仅占20%。此外国内现在生产的餐具、纸杯、饮料包装，80%都采用柔版印刷。食品行业包装纸及包装盒的印刷，也逐步采用柔版印刷。例如，汉堡包包装纸、麦当劳食品包装盒、伊利冰淇淋盒等都采用了柔印方式。尤其是，国内当前柔印应用最好且比例最大的是瓦楞纸箱的印刷，每年柔性版材销量的70%左右都是在纸箱行业。

第六节　柔性版印刷常见问题

一、颜色太深

现象：印品颜色与原样有别，深于原样。

原因：油墨黏度高；网纹辊线数低，储墨量大；颜色含量高，水墨色饱和度高；制版（网点）问题；承印物的选择不适当；印刷车间不是恒温恒湿，影响油墨使用。

解决办法：合理加稀释剂，降低黏度，稀释剂加入量不仅影响油墨黏度，还会影响印刷品的色密度；合理更换或提高网纹辊线数；加冲淡剂；根据不同承印物，一般把网点的定标值加大或缩小；打样时承印物与实际产生时不一样，印物表面光滑，没有凹坑，油墨不能被吸收，留在表面的墨层较厚，相对地反射密度大，印品颜色较深；保持恒温恒湿，保证黏度。

二、条纹或斑点

现象：在料卷上存在浅或暗颜色的斑点（图3-24）。

原因：网纹传墨辊局部不带墨；印版不平整，涂墨不均匀；印刷过程中形成了气泡；油墨飞溅到被印

材料上；油墨太稀；油墨黏性差；承印物厚薄不匀；压印滚筒有伤或粘有脏物。

解决办法：清洗网纹辊或查墨盘墨量，如使用不足需加足；检查印版，从油墨到供墨检查不匀原因；在油墨中加入防泡剂；检查墨斗盖，墨管接头，油墨槽，以防油墨过分流动和漏失；加新配的油墨；增加黏性，换薄厚均匀的承印物；检查压印滚筒，更换或清除污物。

三、油墨太弱或太薄太浅

现象：油墨颜色强度太低太浅。墨色饱和度不够，色密度不足（图3-25）。

原因：溶剂使用太多或黏度太低，影响带动色素的能力；网纹传墨辊磨损或未清洗干净，有堵孔现象；油墨搅拌不匀发生沉降，着色力不够，颜料分散；印版的软硬不合适，网纹辊线数选择太高，墨量不够；油墨辊调整不适当，印压过小；在油墨的转移过程中，使用传墨胶辊不当；水性油墨中，挥发化合物超标，墨层薄；承印物的适印性差；油墨冲淡剂太多；油墨黏度过高导致转移不良。

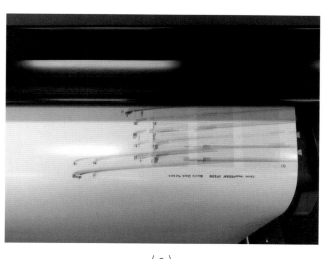

（a）

（b）

图3-24　条纹或斑点

图3-25　油墨太弱

baggage should not exceed an overall linear maximum of 115cm.
Also each side should not exceed 55cm x 40cm x 25cm, including
any baggage attachments such as handles, wheels, etc.. Personal
belongings such as cameras, glasses, etc. may also be carried
on in addition to the above limitation.
Note: Each piece of baggage must also comply with the above
size and weight requirements.
These allowances may not be available on some aircrafts due to
limited stowage space.

Free baggage Allowance: Checked Baggage

Piece system will be applied for all routes.

Please check the "Free baggage allowance" box or the "BAG"
box of your ticket.
Please contact your travel agency or ANA International Reser-
vation and Information Center for more details.

Excess Baggage Charge will apply for oversize, overweight and
extra piece baggage. Please contact your travel agent or ANA
International Reservation for details.

When other airline operating flights (including Codeshare fli-
ghts) are included in your itinerary, the baggage rule of other
airline other than ANA may apply. Please contact your ttravel
agent or ANA International Reservation and Information Center

Valuables, Fragile Items:

(1) **The following valuables will not be accepted as checked baggage.**
Cash, jewelry, precious metals, securities, bonds, works of
art, antiques, business documents, data, computers (personal
computers etc.) and computer accessories, cameras, digital
cameras, video cameras, mobile phones, passport or ID cards,
product samples, credit cards, cash vouchers, bankbooks,
checks, commuter passes, keys, watches, relics, medicine,
etc.

(2) **ANA will not be liable for any damage to the following fra-
gile items, if and to the extent that the damage resulted
from the inherent defect, quality or vice of the item.**
Musical instrument, sporting equipment (surfboard, windsur-
fing equipment, scuba gear, bicycle, etc.), china, glass
liquor, etc.

(3) **ANA will not be liable for any damage or loss as mentioned below.**
Damage to baggage from excess weight or over-packing, or
damage resulting from defects in the baggage itself such as
from normal wear or tear; loss or damage to protruding parts
such as detachable wheels, straps, hooks, name tags, belts or
other attached items; minor damage such as scratches, scuffs,
dents, cuts and dirt; or damage caused by TSA (Transportation
Security Administration) Inspection

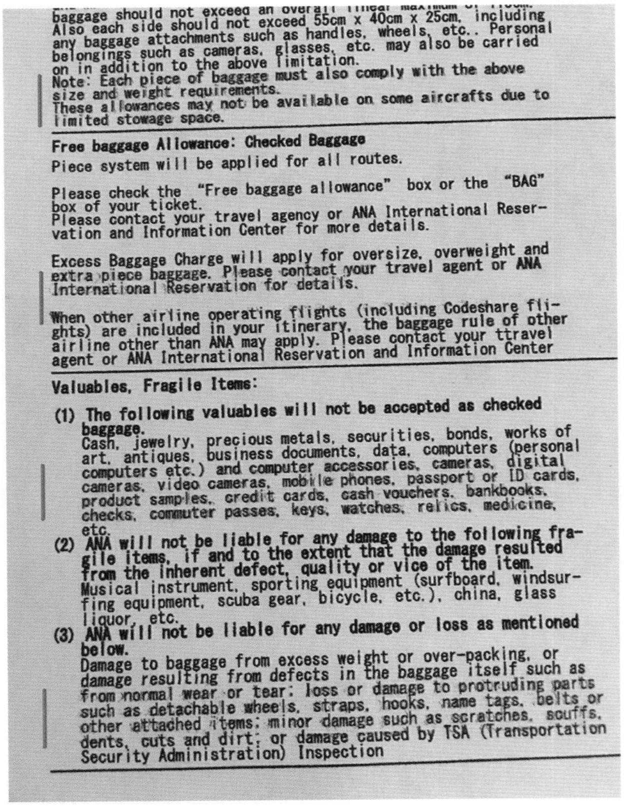

图3-26　边缘模糊不清

解决方法：加入新油墨并调整至适当黏度；用新的或重新雕刻的网纹辊代替旧辊；在加入到墨斗之前充分搅拌从桶中取出的油墨；更换合适的；降低网纹线数，调节墨辊，使过多的油墨附在网辊上增大印压；更换使用硬度低且与被印材料相符的传墨胶辊；挥发性化合物超过3%；根据印品要求选择承印物，选择吸墨性较强的纸张，印刷时留在纸张表面的墨层较薄，所以反射密度低，印品颜色较浅，一般认为柔印墨层厚度为2～4μm，可满足印刷要求；重新调墨；合理调节油墨黏度。

四、印刷过程中轮廓不清晰

现象：图案边缘模糊不清（图3-26）。

原因：印刷压力太大；油墨黏度太低；印版质量差；主要颜色油墨含有其他颜色油墨；印版水墨干燥太快；机速太低、室温高。

解决办法：使用适当的压力及正确的双面胶带；增加油墨黏度；重新制版；用新油墨代替；合理调整；保持恒温恒湿，提高机速。

五、小字不清晰

现象：小字及细点印不清晰（图3-27）。

原因：印版过硬，清晰度或平整度不好；油墨粗劣，细度不够；溶剂配方不当，挥发太快，传墨不稳定，机速慢；印刷压力不够或不一致；图文着墨过多而变粗或模糊；承印物表面粗糙，吸墨性强；机器套印精度不够，使阴型文字套印精度差；版子粘贴不准确，粘版双面胶厚度不均匀，或贴版时有气泡；油墨清洗不干净，有干固在网纹辊凹槽里的；在恒温下油墨黏度大，转移不均匀。

解决办法：重新制版，使传墨均匀；更换油墨，用50μm细度刮板仪测量；调整溶剂配方；注意正确操作；调整上墨量；更换承印物，尽量减少墨的扩散，改善表面粗糙度；检查，调整使圆跳小于0.013mm，不平行度小于0.02mm，多次套印精度在0.1mm内，使扩散版成型版印刷阴型文字合格；检

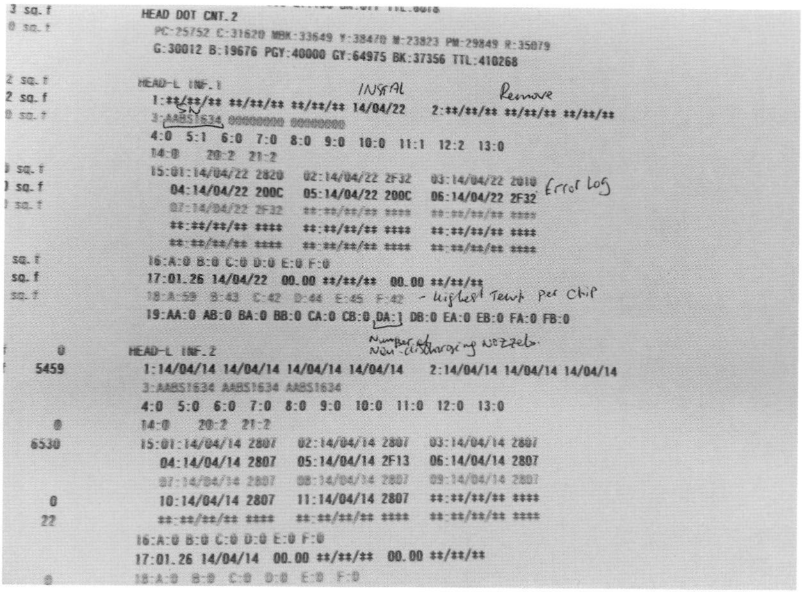

图3-27 小字不清晰

图3-28 金银墨叠印不实

查，校正。更换粘版胶带，认真按操作规程粘版；清洁干净；合理调整，促进转移。

六、在专色金银墨上叠印不实

现象：金银墨印完后仍能看见专色墨叠色漏底（图3-28）。

原因：金墨墨层厚，存墨量大，不易于干燥，黏度大；印刷压力大，形成挤墨；传墨量小，墨层不够厚；金墨细度不够，连接材料质量不好，油墨内在质量存在问题；纸张表面粗糙；印底色和印金银墨之间的时间间隔太久；两种油墨的表面张力相差较大，上面的金墨颜料无法均匀地覆盖在下面的墨层上。

解决办法：在金墨中适量加入快干性溶剂，专色则用慢干剂。如不影响印刷效果，油墨黏度尽量可能保持适度。大面积印金，应降低机速，增加油墨干燥时间；调整合理；为增强金属感，使金银墨印得丰满厚实光亮，印实时金银墨的黏度应稍大些，但印网点或细线条时则应与普通水墨黏度相似；调换别的供应商油墨；进行处理或调换；时间不能间隔得太长，在底墨没有干透的情况下印刷；可增加电晕处理，改变表面张力值，提高附着力，降低第二色的黏度。可将专色油墨版面挖空，增强金属附着力。

七、图文变形或残缺

现象：网点、文字印不全（图3-29）。

原因：滚筒圆度不够；滚筒表面脏而不光滑；两端压力大小不平衡；承印物打皱或张力不适合，平滑度差，纤维排列不均；墨斗内匀墨辊转动不灵；油墨黏度过高，流动性差；油墨挥发过快，传墨辊吸墨量少，油墨供量不足，中断产生印刷转移不全；印版质量差（臭氧浓度过高，局部不平）；贴版不平，使压印后图文变形，印版反复揭下贴上，版材本身产生变形，印刷图文产生变形；印版辊直径选择有误，引起印版变形大。柔性版是具有高弹性的印版，其安装在印版辊上后必然会波及到印版表面图像、图形和文字，使印出来的产品不能正确再现原稿，甚至会产生严重变形。

解决办法：更换精度合格滚筒；清洗；调整压力，当印刷压力过小时，印刷图文的转移不够完整。网点不实，色泽灰淡，使印版、纸张的原有缺陷更加显露。当印刷压力过大时则会引起图文线条失真、印迹扩大。与正常的压力摩擦条件相比，加大了印版的磨损，降低了耐印力，使机器载荷增加，耗电量也会增加，同时使承印部产生较大承受力，影响零部件的工作寿命；更换承印材料；调节，使之转动灵活；适

图3-29 图文变形或残缺

图3-30 水花纹

量调整黏度；调整油墨；合理传墨；严格检查平整度、图文的完整。以图像为主的产品，应参照或考虑到原稿，从图像到阶调、层次、颜色、清晰度及立体效果来检查，以文字为主，从文字无误、符合排版规则、墨色均匀方面来检查。制版商重新计算变形率，重新贴版；在印版标准正确的情况下，尽量选择标准、正确的双面贴版胶带、印版辊直径。

八、水花纹

现象：顺走纸方向，有明显的油墨转移纹路，印刷不平服（图3-30）。

原因：承印物表面平整度不好，有纸纹路；油墨黏度低，稀薄、遮盖力差；油墨流动性不良；网辊表面网穴制作有问题；油墨量太大，纸张无法转移，吸收，沉积在承印物表面；印版的制作问题；网辊太脏。

解决方法：压光，提高平滑度或换纸；加入原墨，提高黏度和色浓度；使用流动性好的油墨；制造商的更换；减少墨量或改用两遍印刷；换制版；必须清洁。

九、干版

现象：印刷水墨过程中，图案模糊，小字残缺，印实地厚薄不匀，水墨干固在印版上。

原因：机速太低；停机后没有清洗印版或印刷过程中没有定时、不定时清洗印版；水墨干燥太快；水墨挥发超标、pH下降。

解决方法：适当提高机速；停机后及时清洗印版或印刷过程中定时、不定时清洗印版；适量加入慢干剂；适量加入稳定剂调整pH。

课后练习

1. 简述柔性版印刷的定义、特点及应用范围。
2. 柔性版版材有哪几种，请分别做出简要的介绍。
3. 什么叫计算机直接制版，其有何优势？
4. 柔性版印刷过程中需要注意哪些问题？
5. 通过学习，你认为计算机直接制版技术未来会如何发展？
6. 描述CDI技术使用的版材结构及其制版原理。

第四章
凹版印刷

PPT 课件，请在计算机里阅读

学习难度：★ ★ ★ ☆ ☆
重点概念：凹版印刷、工艺原理、
照相凹版、雕刻凹版

◀ 章节导读

作为一种历史悠久的印刷方式，凹版印刷对人们的影响是深远的，不仅体现在艺术方面，如版画艺术，更体现在经济方面，如一些证券、纸币的印刷。在当今时代，凹版印刷也普遍地出现在工业印刷中，一些包装、装饰领域的产品也大量用到，凹版印刷正在变得随处可见。本章将对凹版印刷做出详细而全面的讲解，让学生了解凹版的特点以及优劣势等，了解未来凹版的发展趋势（图4-1）。

图4-1　凹版印刷

第一节　概述

凹版印刷简称凹印，是四大印刷方式中的一种印刷方式。凹版印刷是一种直接的印刷方法，它将凹版凹坑中所含的油墨直接压印到承印物上，所印画面的浓淡层次是由凹坑的大小及深浅决定的。印刷时需先把油墨滚在版面上，则油墨自然落入凹陷之印纹部分，随后将表面粘着的油墨擦抹干净，而凹陷之印纹油墨不会被擦除。再放上纸张后使用较大的压力把凹陷之印纹油墨压印在纸上。凡利用此种印刷方法者即

称为"凹版印刷"。

一、凹版印刷的优缺点

1. 优点

以印版中不同的网穴体积来体现不同的颜色深浅，层次丰富，色彩鲜艳，且网点不易变形；油墨堆存在印版的凹槽中，墨比较厚，在印刷品上会有堆起

来的感觉，这种明显的浮凸感具有一定防伪性；用电子雕刻法制版，印版为镀铜金属滚筒，精度高、耐印率高、图文质量好；印刷多为轮转机印刷、速度快、印数大，且数据化、规范化程度高，综合加工能力强；印刷机可配置连线各种印后加工设备，提高生产效率，节约生产成本；图文与非图文界线分明、图文精细、清晰；可用于承印的材料广泛，包括纸张、塑料薄膜、金属箔、纺织品等各种纸基与非纸基材料，印刷适性稳定。

2. 缺点

凹印制版的电镀工艺带来环境污染，使用的传统凹印油墨中的苯、甲苯等气体也会对环境产生污染（正在逐渐改善）；传统凹印的图像和文字使用相同的分辨率，导致文字和线条有毛刺，不够细腻；人工劳动强度大、凹印滚筒制作成本高，制版周期长；凹版印刷设备的成本高昂，投资巨大，导致能够开展凹版印刷的印刷厂数目较少（图4-2）。

二、凹版印刷的应用

从世界范围看，特别是欧美市场，凹版印刷主要应用于四大领域：出版领域、包装领域、纺织领域和装饰领域。在出版印刷领域，要求制版速度快，因为出版印刷领域使用的出版滚筒幅面大，最大的可达到4.8m，处理的信息量大，因此，一般采用多通道，同时运用雕刻技术对印版滚筒进行雕刻；在包装印刷领域，滚筒幅面相对较小，但要求制版质量高，尤其对烟包类产品；信息变化量大，对精细文字和色彩要求较高；凹版印刷在纺织领域的应用主要用于在布料进行转移印花，多以专色复制为主，一般复制的颜色可达到6色之多，同时在制版中对制版的精度要求不高，但墨量要求较大，一般使用54~60lpc的粗网线，其采用的制版方式与包装凹版印刷领域相同；凹版印刷在装饰材料领域的应用主要用于建筑装饰材料、壁纸、地板材料等材质的印刷，单元图案较大，专色印刷，且对色彩的再现准确性要求很高，其采用的

（a）

（b）

图4-2 凹版印刷机

图4-3 包装盒

图4-4 钞票

制版方式与包装凹版印刷领域相同。

在我国，目前凹版方式主要应用在包装印刷和特种印刷两个领域，主要有以下几类：纸包装：烟盒、酒盒、药盒、保健品包装盒等（图4-3）；塑料软包装：化妆品、洗涤用品包装；医药包装，PTP铝箔、SP复合膜等；特种印刷领域：钞票、邮票、证券等（图4-4）。

第二节　凹版印刷工艺原理

一、凹版印刷原理

凹版印刷的原理是供墨装置将油墨供到凹版的图文部分和非图文部分。在刮墨刀的作用下，将凹版印版表面的非图文部分的油墨刮除干净。通过印刷压力的作用，凹版网穴的图文部分油墨转移到承印物上，从而完成一次印刷。如果图文部分凹进得深，填入的油墨量多，压印后承印物表面上留下的墨层就厚；图文部分凹下得浅，所容纳的油墨量少，压印后在承印物表面上留下的墨层就薄。印版墨量的多少与原稿图文的明暗层次相对应。凹版印刷使用网点面积率和网穴深浅共同作用来表现阶调层次。

二、网墙与网穴

凹版印刷的凹印版上存在网墙与网穴。印版上网墙的存在主要有两个作用：一是起支撑凹版印刷过程中刮墨装置上的刮墨刀；二是为了防止在印刷过程中，凹版上网穴与网穴之间油墨相互的流动。但是网墙也有缺点，即印刷时容易出现锯齿。如果凹印版上没有网墙存在，在印刷时，对于那些特别大的网穴中的油墨，刮墨刀在刮去印版空白部分的油墨同时，也会将凹版网穴中的油墨刮去一小部分，从而影响了网穴中油墨的容积，从而影响凹版印刷产品的质量。如果存在网墙，网墙将会把比较大的那些网穴分割成许

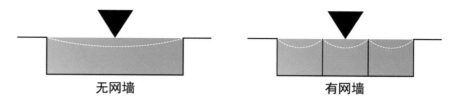

图4-5 网墙

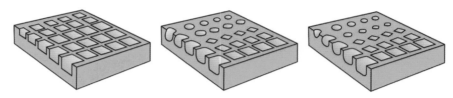

（a）凹陷深度不同，开口面 （b）凹陷深度相同，开口 （c）凹陷深度不同，开口面
　　积相同　　　　　　　　　　面积不同　　　　　　　积不同

图4-6 凹版网穴类型

多更小的网穴，此时刮墨刀刮墨时，网穴中的油墨刮去的就非常少，从而基本保证网穴中的油墨量不变（图4-5）。

凹版中的网穴大致有三种类型，包括凹下部分的表面积相等深度不等；凹下部分深度相等表面积不等；凹下部分的深度和表面积均不等。在各类凹版中，传统照片凹版（影写版）和近年来出现的激光电子雕刻机制作的凹版，其网穴属于第一类网穴。照相加网凹版的网穴属于第二类网穴，这种凹版是通过网穴面积大小的变化表现明暗阶调层次的（图4-6）。

– 补充要点 –

木版水印

用水墨及颜料在木刻版上刷印，是中国传统的刻版印刷方法之一，主要用以复制书法、绘画等艺术作品，又称"木刻水印"。唐代以来，中国雕版印刷几乎完全使用水墨，文图皆黑色。元代（1206—1368年）出现朱墨2色套印的《金刚经注》。明代正德（1506—1521年）以后朱墨套印被推广，并有靛青印本及蓝朱墨3色、蓝黄朱墨4色、朱墨黛紫黄5色套印本。清代中叶又有6色本。

木版水印工艺分为勾描、刻版、印刷3道工序。首先，根据原作进行设计分版，在透明涤纶片或赛璐珞片上勾摹原作，依据所勾墨线轮廓在雁皮纸上精确描绘刻稿；然后反贴在刨平的梨木板或其他纹理细致的木板上，运用不同刀具和刀法，刻出线条版、枯笔版或平版；最后选配原作所用的材料和颜料，将水墨和色彩刷掸到已经刻好的木板上，再根据需要套印到宣纸、连史纸、棉麻纸或画绢上。

大幅中国书画的复制及年画印制大量采用木版水印。木版年画的著名产地有苏州桃花坞、河北杨柳青（今属天津市）、山东潍县、四川绵竹四大家，皆始于明代后期，盛于清代雍正、乾隆、嘉庆、道光年间（1723—1850年）。而北京荣宝斋、上海朵云轩是现代木版水印专业出版印刷机构，继承并提高木版水印技术，复制古今名画多种，酷肖传神，如复制的《韩熙载夜宴图》艺术价值甚高。

第三节　凹版制版方法

与其他印刷方式的制版不同，凹版制版是在印版滚筒上直接成像。一个高精度的印版滚筒对凹版印刷最终呈现的效果至关重要。凹版制版可分为两个部分，其一是印版滚筒的制备，其二是指印版滚筒的成像，即我们通常理解的凹版制版。

一、印版滚筒的制备

1．印版滚筒的结构

凹版印刷的印版滚筒的结构如图4-7、图4-8所示。最内层是钢芯或铁芯，起支撑滚筒的作用，是整个滚筒的基础。接着是镍层，镍层能使铜层与钢辊之间结合牢固，提高镀铜质量。镀铜层被中间的隔离层隔开，隔离层下面为底基铜层，上面为制版铜层。隔离层可使重复利用印版滚筒制版更加方便，当再次利用滚筒时只需剥离制版铜层。制版铜层在成像过程中形成网穴，它对印版滚筒的寿命、印刷质量有着直接影响。铬层是保护层，由于金属铜材质较软，而凹版滚筒在印刷的过程中要经受不锈钢刮刀的刮磨，因此只有足够的硬度才能保证印版滚筒耐印力的要求，所以，在完成制版之后，要在整个滚筒的表面镀上一层金属铬（图4-7、图4-8）。

2．印版滚筒的制作

凹印滚筒的制作是一个高成本的过程，其制作步骤如下。

（1）滚筒体。滚筒基体的材料一般为钢管，原因是钢管价格低且坚固牢实。筒体重量从8千克到几百千克，有的根据印品需要可重达1吨。近年来包装凹印方面正在采用铝材料制作滚筒，尤其是最近采用了塑料滚筒。钢管的壁厚从18～27mm，大尺寸滚筒则更厚。滚筒分为无轴和有轴类（图4-9）。

（2）镀镍。凹印滚筒筒体一般是铁质的，不能直接镀铜（镀铜要在酸性溶液中进行），所以要先镀镍，在凹版筒体表面形成一层金属镍。

图4-7　凹印滚筒实物

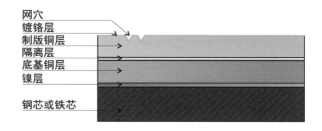

图4-8　凹印滚筒结构

图4-9　滚筒体

（3）镀底基铜。不论是哪种滚筒基体材料（只要能满足要求的），都要在其新加工出来的滚筒表面镀上底铜。这个底铜层不是用于雕刻或腐蚀的铜层，而是用于实现滚筒的精度要求，例如，要求滚筒直径公差在10μm以内，平行度不超过9μm。该铜层厚度要在580μm左右。

（4）镀制版铜。制版铜层需要具有良好的切割性能，便于机械雕刻直接接触进行加工。同时为了能够顺利地把制版铜层从底基铜层上剥离下来，在两者之间需要浇注隔离溶液形成隔离层，隔离溶液有酸性和碱性两种。

（5）镀铬。为了使其能够承受刮墨刀及油墨中颜料的频繁摩擦，提高印版滚筒的耐印力，滚筒在完成蚀刻或雕刻后都必须再镀一层坚硬的铬层。剥离制版铜层前要先用盐酸去除铬层（图4-10）。

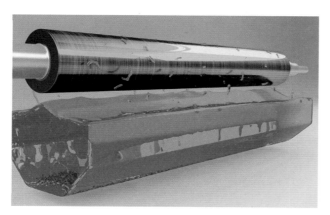

图4-10　去除铬层

二、印版滚筒成像

凹印版，从制作方法上区分，可以分为两大类，一类是照相凹版，一类是雕刻凹版。照相凹版分为传统照相凹版（影写版）和照相加网凹版；雕刻凹版有手工或机械雕刻凹版、电子雕刻凹版（图4-11、图4-12）。

照相凹版，也叫影写版，是用连续调阳图底片和凹印网屏，经过晒版、碳素纸转移、腐蚀等过程制成的。印版从亮调到暗调的网穴面积相同但深浅不同，利用墨层厚度的变化来再现原稿的明暗层次。雕刻凹版中，手工雕刻凹版是用各种刻刀在铜版上雕刻而成的，可以直接刻出凹下的线条，也可以在铜版上先涂一层抗蚀膜，划刻抗蚀膜，露出铜版表面，再进行化学腐蚀；机械雕刻凹版是利用彩纹雕刻机、浮雕刻机、平行线刻版机以及缩放刻版机等机械直接雕刻，或划刻铜表面的抗蚀层再腐蚀制成凹版；电子雕刻凹版在印刷中使用较多，电子雕刻凹版，利用电子雕刻机，按照光电原理，控制雕刻刀，在滚筒表面雕刻出网穴，其面积和深度同时发生变化。

1. 照相凹版

（1）影写版的制作（碳素纸法）。照相凹版，也称为影写版，是用连续调阳图底片和凹印网屏，经过晒版、碳素纸转移、腐蚀等过程制成的。先将敏化的碳素纸晒白线网屏，再晒连续调阳像底片（不同层次

图4-11　电子雕刻制版

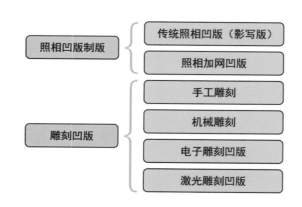

图4-12　凹版制版方法

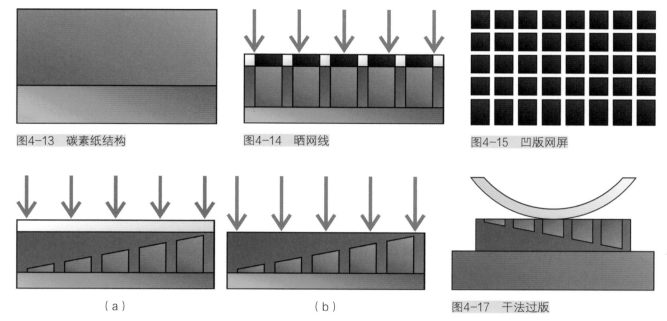

图4-13　碳素纸结构　　　　　图4-14　晒网线　　　　　图4-15　凹版网屏

（a）　　　　　　　　　　　（b）　　　　　　　图4-17　干法过版

图4-16　晒阳图

导致不同硬化度），之后将碳素纸上的感光层过版转贴到铜滚筒上，用温水浸泡溶去未感光胶层，然后用氯化铁溶液腐蚀，得到照相凹版。其工序如下：

1）准备晒版用连续调阳像底片（照相、拷贝、修版、拼版）。

2）碳素纸敏化处理。用4%重铬酸钾溶液浸泡3min。碳素纸主要由牛皮纸、明胶层（含有色素，用作感光层、显影层、腐蚀层）组成（图4-13）。

3）晒网线。用网屏在碳素纸上晒网格，经腐蚀后在滚筒表面形成支撑刮墨刀的网墙。凹版网屏主要由透明网线和黑色方块（方形、砖形、菱形、不规则形）组成，白线与黑块宽度之比为1∶3~1∶5（图4-14、图4-15）。

4）晒阳图。先晒连续调阳像底片，对应底片不同密度，胶层发生不同程度硬化，然后取掉底片，进行全面曝光，时长3~5s，胶层更加硬化，使腐蚀时均匀，文字不会过深（图4-16）。

5）过版。将经晒网线和晒阳图的碳素纸转移到凹版滚筒的表面的过程。过版方法有干法和湿法两种。

干法是把铜印版滚筒放在过版机上，碳素纸对好规矩线，胶膜对向滚筒，在碳素纸与滚筒之间浇蒸馏水，边浇水，边转动滚筒，边用过版胶辊紧压，胶辊与滚筒面始终保持平行状态，把碳素纸上的胶膜往铜印版液筒上贴。过版时，蒸馏水温不宜超过24℃，浇注水分应在碳素纸与滚筒相接触部位。滚筒转速不宜过快，过快易产生粘附不牢，但也不宜过慢，过慢胶膜容易吸水过多而膨胀影响尺寸精度（图4-17）。

湿法是将晒过网线和图像的碳素纸，放入水槽内浸润，然后贴在铜印版滚筒的表面，注意要使碳素纸上的咬口线与铜印版滚筒上的咬口线一致，并左右居中，使纸基与胶膜分离，在此过程中，应使滚筒向一个方向转动，并保持匀

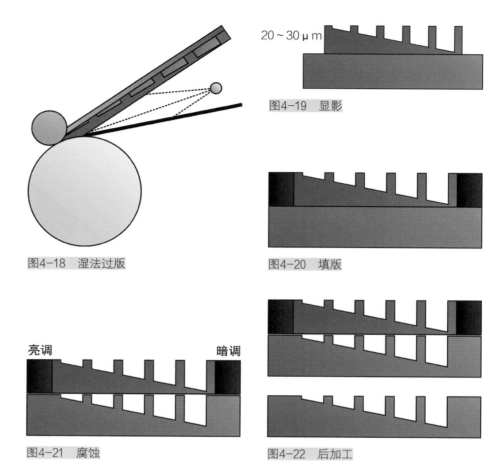

$20 \sim 30 \mu m$

图4-19 显影

图4-18 湿法过版

图4-20 填版

亮调 暗调

图4-21 腐蚀

图4-22 后加工

速，中途不停顿和倒转。湿法过版中，由于水的作用，碳素纸的胶膜要发生膨胀，会使图像变形，造成套印不准，因此多用干法过版（图4-18）。

6）显影。用温水溶去未硬化的胶层，之后干燥（图4-19）。

7）填版。用耐酸沥青漆点修图像胶层上的白点、气泡、孔洞；并涂盖滚筒上版面以外无需腐蚀的地方（图4-20）。

8）腐蚀。使用$FeCl_3$溶液，使胶膜膨胀，渗透耐蚀膜到达铜滚筒表面使Cu溶解。影响腐蚀质量的因素有：胶层的厚度、三氯化铁的浓度、腐蚀液的温度、胶膜的湿度。不同硬化度的胶层，腐蚀液渗透强弱不同，形成不同深度、宽度相同的凹陷（图4-21）。

9）后加工。冲洗滚筒表面，将胶膜和保护剂用汽油清洗，再用酸清洗（图4-22）。

10）镀铬。目的是提高滚筒表面耐磨性。

（2）照相加网凹版（直接法）。在照相凹版的制版过程中，产生各种不稳定的因素，影响制版质量。为了消除误差，提高质量，稳定生产作业，设计了照相加网凹版工艺。照相加网凹版通过使用网目半色调阳像底片在直接涂有感光层的滚筒上曝光，经冲洗后腐蚀得到凹版。网孔深度同、大小异的照相加网凹版（图4-23），其操作简单稳定可靠，效率高，高调部分易丢失。工序如下：

1）铜印版滚筒准备、脱脂、去氧化层。

2）涂布感光液：聚乙烯醇肉桂酸酯感光液。方法：喷枪喷射涂布法；滑环料箱垂直涂布法（图4-24）。

3）干燥：自然晾干或使用石英加热装置。

4）晒版：底片为网点阳像底片；光源为细长高压水银灯或氙灯专用晒版机（图4-25、图4-26）。

5）显影和冲洗。

6）涂墨：保护印版上无需腐蚀的地方。

7）腐蚀：用$FeCl_3$溶液腐蚀，深度30～36μm为宜。

8）后加工：除去胶膜和保护墨（图4-27）。

2. 雕刻凹版

（1）电子雕刻制版。利用电子雕刻机，通过钻石刻针机振动的强弱，在镀铜滚筒表面进行直接雕刻出网穴的一种凹版制版方法。该技术所形成的网穴具有深浅和宽度同时变化的特性。

1）电雕机工作原理。电子雕刻是一个将光信号或数字信号通过光电转换和电磁转换变成机械运动的过程（图4-28）。它是利用频率发生器产生一定频率和适当振幅的振荡，振荡频率决定了每秒钟雕刻的网穴数，由图像存储器或彩色桌面出版系统送过来的数字信号，经数/模转换器转换成模拟信号，再与前项振幅结合，控制刻刀在匀速转动的版滚筒的制版铜层表面雕刻出不同大小和深度的网穴。刻刀振幅决定网孔深度，刻刀形状和角度决定网孔形状（图4-29）。

2）电雕网穴的控制。通过控制转动的速度和雕刻头的横向进给速度与雕刻频率相匹配，即可正确控制所需加的加网线数和加网角度。该工艺的特点有：不用碳素纸和化学腐蚀，质量稳定，无公害；电子雕刻层次稳定；有褪缝功能，可制得无边缘凹版，提高印刷精度和质量；可由同一底片雕刻多块相同凹版，减小了复制凹版之间的质量误差（图4-30）。

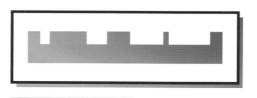

图4-23 照相加网凹版

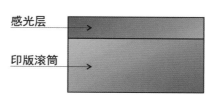

图4-24 涂布感光液

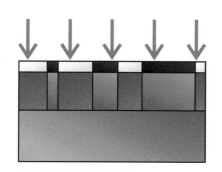

图4-25 晒版原理图

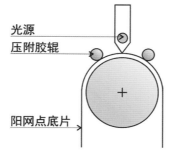

图4-26 晒版装置

图4-27 后加工

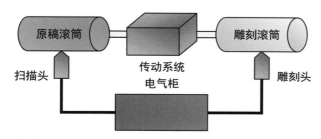

图4-28 电雕机工作原理

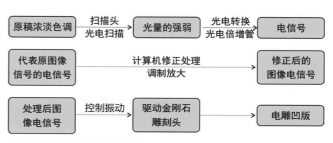

图4-29 电雕机工作流程

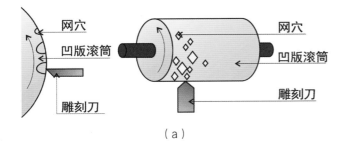

（a）

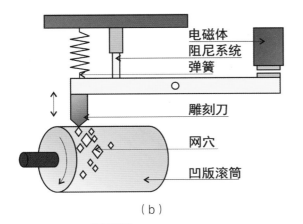

（b）

图4-30　电雕网穴的控制

图4-31　激光雕刻制版

图4-32　电子束雕刻制版流程

（2）激光雕刻制版。利用激光束直接在镀锌印版滚筒表面雕刻出网穴。激光发生器发生强度恒定的激光；激光受到调制器的调制；而激光调制器受印前系统传送来的图文信号的控制，通过图文信号调节激光的通过程度；激光再通过光导纤维传递到聚焦透镜，聚焦透镜将不同强度的激光聚焦在锌层上为相同的激光光斑直径，从而得到大小相同、随图像明暗变化而深度不同的网穴。对于多光束组合激光雕刻，是用7个激光曝光点组成一个网穴，可雕刻出面积和凹下深度均可变的网穴。激光雕刻制版稳定性好、制版速度快、生成的网穴印刷性能好，但由于雕刻对象是锌层，电镀工艺和设备要专用（图4-31）。

（3）电子束雕刻制版。电子束雕刻是利用高能电子流烧蚀凹版网穴，它的雕刻原理是用数万伏高压的电场产生高能电子束，通过电场和磁场的作用，使电子束在6μs内达到所需要的强度和尺寸，在滚筒表面将铜液化和部分气化，用刮刀去除网穴周围的残留物，可以得到所需要的凹版网穴（图4-32）。

－ 补充要点 －

人民币与雕刻凹版印刷

随着高科技的发展，为了达到高的印刷质量和防伪能力，人民币在印刷过程中使用多种防伪印刷技术，其中一项重要的技术就是雕刻凹版印刷技术。

目前人民币的印刷主要是以凹版印刷为主（有部分用凸版和胶版印刷），这主要是为了保证它的严肃性和防伪性。凹印版经雕刻而成，其图案线条呈凹槽形、低于印版的版面，涂布油墨印出图案后，油墨附着于钞纸上，凸出于纸张表面，图文线条精细、层次丰富、立体感很强，用手触摸有明显的凹凸感。雕刻凹版印刷技术广泛应用于第五套人民币的毛泽东头像、中国人民银行行名、面额数字、盲文标记等处。特别是人民币中的毛泽东头像应用手工雕刻凹版，以其工艺复杂、图案唯一性和投资成本高等因素，带有极强的不可模仿性和防伪性能。

第四节　印刷工艺

一、凹版油墨

1. 雕版凹印油墨

雕版凹印油墨的干燥方式属于氧化结膜干燥，其主要成分为：颜料10%～25%，干性植物油25%～50%，树脂20%，油墨油15%，填料30%～50%，辅助剂4%。货币、邮票、有价证券等不易复制、伪造的印刷品，多是用雕版凹印油墨印刷而成。雕刻凹版油墨稠度大、黏性小、墨丝短、屈服值大、不带油腻性、墨层厚度较高，并且油墨中的颜料具有良好的耐光、耐水、耐热和耐油性，油墨有一定的凝聚力和附着力（图4-33）。

雕刻凹版油墨在实际的使用中，应该注意以下两点。

（1）在印刷过程中，雕刻凹版油墨应保持一定的稠度和黏度，但是其黏着性不宜过大，否则在印刷过程中就不易将空白部分的油墨全部刮去，这样既影响印刷品的清晰度，又会产生粘脏故障。

（2）在4000印／h以上的中速凹版印刷机上，雕刻凹版油墨适用于印刷专用纸张（纸币纸、证券纸和邮票纸等），也可印刷胶版纸、凹版纸、铜版纸。而在高速凹版印刷机上印刷时，应该注意油墨黏度不宜过大，否则刮墨刀刮墨容易出现故障。

2. 水基型凹版油墨

因为水基型凹版油墨具有无毒、无刺激味、无污染、无燃烧危险的显著优势，所以在食品包装印刷行业很受推崇，此外，在墨性上，水基型凹版油墨还具有油墨浓度高、印刷适性好、性能稳定、印迹附着性好、耐碱、耐水、耐乙醇等特点，适用于银卡纸、金卡纸、铸涂纸、涂布纸、不干胶纸、瓦楞纸、纸箱、纸品包装袋和书刊杂志以及塑料薄膜等印刷品。水基型凹版油墨主要成分有颜料10%～20%，蒸馏水12%～18%，水性连结料中的水性树脂液65%～75%，辅助剂3%～5%，其他添加剂1%～2%（图4-34）。

在水基型凹版油墨的实际应用中，应注意以下几点。

（1）在出版用纸、包装用纸、瓦楞纸等纸质材料上印刷，特别是进行套色印刷时，由于水基型凹版油墨中的水性溶剂的表面张力大，挥发性慢，对纸张的渗透性大，干燥时间长，因此需要配置相应的干燥装置，控制好烘箱温度和印刷速度，并加强印刷操作检查等措施，以避免或减少印刷故障的发生。

（2）由于水基型凹版油墨本身的诸如不耐碱、

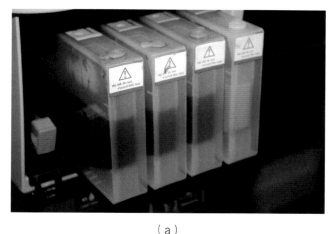

（a）

（b）

图4-33　雕版凹印油墨

图4-34 水基型凹版油墨

图4-35 聚乙烯塑料薄膜

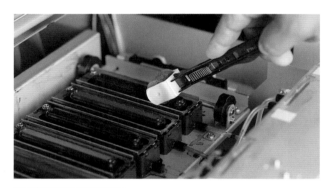

图4-36 清洁印刷机

图4-37 调整刮墨刀

不抗乙醇和水、光泽度差等特性，印刷中容易使纸张产生伸缩与变形，因此印刷前需对印刷用纸进行必要的调湿适应处理，使印刷用纸的平衡水分值达到最佳状态，保持纸张的印刷稳定性。

（3）由于水基型凹版油墨的表面自由能高，该油墨在聚乙烯等塑料薄膜上难于很好地润湿和印刷，因此，在印刷前对聚乙烯等塑料薄膜进行表面处理是顺利进行水基型油墨凹版印刷的关键（图4-35）。聚合物塑料薄膜表面处理方法有以下几种：用乙醇、碱水、乳化液等溶剂清洗和侵蚀；化学蚀刻处理法；用机械的方法进行喷砂腐蚀；电晕处理法；火焰处理法。

二、工艺流程

1. 印前准备

凹版印刷的准备工作包括：根据施工单的要求，准备承印物、油墨、刮墨刀等，还要对印刷机进行清洁、润滑等处理（图4-36）。塑料薄膜是凹版印刷主要的承印物。凹版印刷，采用溶剂挥发性的油墨，黏度低，流动性好，附着力强。凹版印刷机最主要的特点是使用刮墨刀，刮除印版空白部分的油墨。

印版是印刷的基础，直接关系到印刷质量，上版前需对印版进行复核。检查网点是否整齐、完整，镀铬后的印版是否有脱铬的现象，文字印版要求线条完整无缺，不能断笔少道。印版经详细检查后，才可安装在印刷机上。

2. 上版

上版操作中，要特别注意保护好版面不被碰伤，要把叼口处的规矩与推拉规矩对准，还要把印版滚筒紧固在印刷机上，防止正式印刷时印版滚筒的松动。

3. 调整规矩

印刷前的准备工作完成之后，再仔细校准印版，检查给纸、输纸、收纸、推拉规矩的情况，并作适当调整，校正压力，调整好油墨供给量，调整好刮墨刀。刮墨刀的调整，主要是调整刮墨刀对印版的距离以及刮墨刀的角度，使刮墨刀在版面上的压力均匀又不损伤印版（图4-37）。

4. 正式印刷

在正式印刷的过程中，要经常柚样检查，网点是否完整，套印是否准确，墨色是否鲜艳，油墨的黏度及干燥是否和印刷速度相匹配，是否因为刮墨刀刮不均匀，印张上出现道子、刀线、破刀口等。

凹版印刷的工作场地，要有良好的通风设备，以排除有害气体，对溶剂应采用回收设备。印刷机上的电器要有防爆装置，经常检查维修，以免着火。

– 补充要点 –

热转印油墨

热转印油墨是为了适应热转印工艺而开发出来的新型油墨。热转印工艺是先将图案通过凹版印刷机印刷到涂布有离型层的塑料薄膜（以PET薄膜为主）上，然后再在图案后面印刷上热熔胶从而形成热转印印刷膜。印刷完毕的热转印膜在热转印厂与最终承印物一起经过带有一定温度和压力的热转印辊后再将薄膜撕去，图案就会转印到最终承印物上去。

虽然热转印工艺听起来有点陌生，但是热转印膜的印刷过程却和普通的凹版印刷方式完全相同，都是通过凹版印刷机印刷而成。热转印薄膜的印刷结构一般为PET薄膜//离型层//保护层//油墨层//胶水层，离型层一般是由和PET薄膜没有附着牢度的树脂制造而成，其作用是提供离型性，使得印刷薄膜可以轻易地与图案层和最终承印物脱离。保护层一般由双组分体系组成，树脂交联固化后可以提供耐刮耐磨的效果。胶水层则由热熔性树脂组成，它会在高温高压下熔融后起粘结作用，提供油墨层和最终承印物之间的牢度。有些简单的结构可以省去保护层和胶水层，仅靠油墨层树脂的粘附力就可在高温高压作用下与最终承印物很好地结合。

第五节　凹版印刷常见问题

一、出现刮刀线或油墨线

原因有：刮刀磨损或刮刀上粘有脏物；油墨中混入杂质；油墨细度不够；印刷版打磨不好，过于粗糙；油墨黏度太高（图4-38）。

处理办法如下：

1）在印刷中所有油墨都须过滤。尽量使用新墨。

2）如果刮刀线是随着刮刀的左右摆动而有规律地左右移动，则可判定是刮墨刀磨损或刮墨刀上粘有脏物，可用竹签在起刀线的部位将脏物清除；如是刮刀磨损，则应立即打磨刮刀或更换新刮刀。

3）印刷版打磨不好或版面上有细小硬块，可先用细砂纸在印刷版面上来回打磨，如仍不能解决，需退铬重镀。

4）油墨颗粒太粗、细度不够，易出现线条，用细度计检测油墨细度，如细度不够需更换油墨。

5）定时测量油墨黏度，保持油墨黏度的稳定，有条件的厂家可使用油墨自动黏度控制器。

二、印刷水纹

出现水纹的原因主要有：油墨的黏度太低；印刷

图4-38　刮刀线

图4-39　印刷水纹

版雕刻太深；油墨的流动性不良（图4-39）。

处理办法如下：

1）提高印刷速度。

2）适当提高油墨黏度。

3）印版雕刻太深无法调整的需重新制版。

4）调整刮刀角度成锐角。

5）改善油墨的流动性。

三、油墨回粘

出现印刷回粘的原因主要有：溶剂过于慢干，油墨的干燥性不良；印刷过程中收卷压力太大，印刷后叠放压力过大（特别是高温天气）；冷却水温度太高，起不到冷却效果；烘干箱的温度过高，风力过大使油墨出现假干现象；印刷膜的非印刷面表面张力大（或双面电晕的情况），使薄膜非印刷面与油墨的亲和力大，油墨发生转移（图4-40）。

处理办法如下：

1）调整收卷压力，尽量放小。收卷的卷径不要太大，堆积重量要小。

2）更换为快干溶剂，使油墨充分干燥。

3）调整烘箱温度及风力，一般在50~65℃为宜。

4）检查印刷机的冷却水是否打开，水温是否符合要求。

5）印刷前检测薄膜的表面张力，印刷面的表面张力要大于非印刷面，双面电晕的薄膜最好不要使用。

四、色差

出现印刷色差的原因主要有：刮墨刀的位置、角度、压力发生变化引起色差；油墨黏度变化引起印刷色差；油墨色浓度的变化引起印刷色差；印刷版印到一定量后已变浅；印刷版堵版引起印刷色差；多色混合配制专色时，如果混合油墨中各颜料的比重相差较大，在印刷过程中，如油墨循环不良易发生油墨沉淀从而引起印刷色差（图4-41）。

处理方法如下：

1）定时测量油墨黏度，保持油墨黏度的一致，有条件的厂家可以配备油墨黏度自动控制器。

2）适当调整刮墨刀的位置、角度、压力，使印刷色相基本保持一致。

3）印刷版退铬重镀处理或印版重制。

4）使用印刷版清洗剂清洗版辊。

5）调整油墨的色浓度（在油墨中添加原墨或冲淡剂），保持色浓度的一致。

6）检查油墨的循环系统，保持油墨流动良好。

五、静电故障

塑料薄膜在印刷中由于摩擦会产生静电。静电对印刷品的质量危害较大，严重的还会引起火灾，在印刷过程中要特别注意。薄膜静电可引起的印刷故障主要有：在印刷图文的周围引起"胡须"状的油墨丝（图4-42）；实地部分印刷时会出现斑驳，油墨转移不上，产生空白部分。薄膜静电虽不能完全消除，但在印刷过程中可以进行适当的处理，避免产生静电故障。

图4-40　油墨回粘

图4-41　色差

图4-42　油墨丝

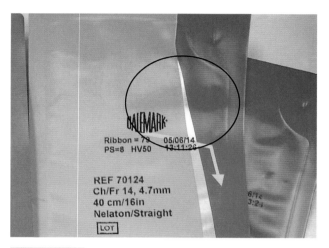

图4-43　雾版

处理方法如下：

1）适当提高油墨的印刷黏度。

2）适当提高车间内的空气湿度。

3）印刷溶剂中适当增加醇类、酮类溶剂的比例，但不可添加过多，否则会影响后工序的复合强度。

4）设备安装静电消除装置且要经常维护、检查。

六、印刷泛色（雾版）

刮刀未能将印版上非图文部分的油墨完全刮干净，导致油墨转移到印刷基材上的现象称为泛色，又称雾版。引起印刷泛色的主要原因有：印刷版的精度不足、偏心、镀铬不良；刮刀压力不足、角度不适；油墨的印刷黏度过大；车间的环境湿度太大，使油墨的流动性变差；醇类溶剂添加比例过大，导致油墨溶解性不良（图4-43）。

处理方法如下：

1）增大刮刀的压力，调节刮刀角度为60～70°，两切点距离为500～600mm为宜。

2）提高版辊的制造精度。

3）适当降低油墨的印刷黏度。

4）调整溶剂配方，减少醇类溶剂比例，适当增加酮类溶剂的比例。

课后练习

1. 凹版印刷目前主要应用在哪些领域，国内外有何差别？

2. 凹印版上的网墙有什么作用？

3. 凹印版上的网穴有哪几种类型，各有什么特点？

4. 简述印版滚筒的结构构成及其原理。

5. 归纳照相凹版制版与雕刻凹版制版的工艺特点，制作成表格。

6. 思考照相凹版制版走向衰落的原因。

第五章
丝网印刷

PPT课件，请在计算机里阅读

学习难度：★★☆☆☆
重点概念：丝网印刷、制版材料、制版方法、印刷工艺

◀ 章节导读

　　印刷与现代生活密不可分，其中一个重要的方面就体现在丝网印刷上，丝网印刷与所有人的生活都密不可分。如服装上的各种各样图饰、文字，就是利用丝网印刷印出来的，当然丝网印刷的重要性不仅体现在服装设计，其使用范围非常广，手机上的logo大部分也是通过丝网印刷印出。所以本章将对"丝网印刷"这个熟悉而又陌生的概念展开详细讲解（图5-1）。

图5-1　丝网印刷

第一节　概述

　　丝网印刷作为孔板印刷技术的一个重要分类，在当今印刷行业类被大量使用，其版面呈网状，由漏空图文的膜层、丝网、网框组成。丝网印刷的原理就是在刮板的作用下，丝网框中的丝印油墨从丝网的网孔（图文部分）中漏至印刷承印物上，由于印版非图文部分的油墨被丝网网孔堵塞，油墨不能漏至承印物上，从而完成印刷品的印刷。孔版因是透过式印刷，因此给墨装置在版面之上，而纸张是放在版面之下，

印刷方式为版面是正纹透过式，印至版面仍为正纹。由于印刷目的之不同，版面随印刷物之表面做成曲面版亦可，任何在印刷三大版式限制范围以外，大体均可以丝网印刷达到目的（图5-2）。

　　丝网印刷适应性非常广泛，不仅适合一般的纸张印刷，而且适合于印刷玻璃、陶瓷、织物、金属等。通常人们按照承印物的不同将丝网印刷划分为纸张类印刷、塑料类印刷、陶瓷类印刷、玻璃类印刷、金属

（a）

（b）

图5-2　丝网印刷品

类印刷、纺织类印刷等几大类。

1. 丝网印刷的特点

（1）丝网印刷的制版、印刷工艺最为简单，所需的设备费用也最少。

（2）对油墨的适应性强。油性的、水性的、溶剂性的、合成树脂型的油墨，液状的、粉末状的，只要能从网孔中漏印下来的油墨，原则上均可用于丝网印刷。

（3）对承印物适应性强。适用于不同的承印物。如纸张、纸板、卡片纸、塑料薄膜、金属、陶瓷、塑料、玻璃、织物、皮革、木制品等均可用于丝网印刷。可以认为丝网印刷是"除水与空气外均可进行印刷"的印刷技术。印刷尺寸范围大。可印大幅面的承印物，如大型宽幅的舞台幕布、灯箱广告、室外招贴广告等。也能印刷微型电子元件、手表盘面、衬衣领等小尺寸的承印物。承印物表面多样性，如平面、曲

面、成型面等。

（4）墨层厚实。具有重量感、立体感，耐久性强（表5-1）。

（5）印版的耐印力较低，印刷速度不高，小于2成*、大于8成的网点印刷，其印刷效果不佳。丝网印刷品的特点用放大镜观察鉴别，图文边缘不整齐，分布有不规律的毛刺。

表5-1　各大印刷方式油墨膜厚对比

印刷方法	油墨膜厚/μm
平版印刷	0.7～1.2
凸版印刷	1.0
凹版印刷	2.8～15
丝网印刷	6.0～300

2. 丝网印刷原理

丝网印刷所用的丝网，布满了同样大小的网孔。先将调制的感光乳胶涂在丝网的表面，形成一层薄膜，将所有网孔封闭。然后贴上阳图底片经影像曝光之后，空白部分被紫外线照射而变硬，图文部分因为未受照射，所以经药水冲洗后被清除，使图文部分的网孔开放。空白部分的涂层因为变硬而将网孔封闭，使油墨只能从图文部分通过。油墨被添加到网版的表面，由刮墨刀给油墨施压，使油墨透过开放的网孔附着于承印物上，而封闭的网孔阻隔油墨通过，形成承印物上的空白部分。

孔版印刷工艺过程可总结为，先在印版上敷以油墨，然后承印物放在印版下，用刮墨器以一定的压力刮墨使油墨透过孔洞，最后油墨转移到承印物上形成印刷品（图5-3、图5-4）。

---

* 成——衡量单位，如覆盖率20%的网点称为"2成"网点，覆盖率0%的网点称为"绝网"，覆盖率100%网点称为"实地"

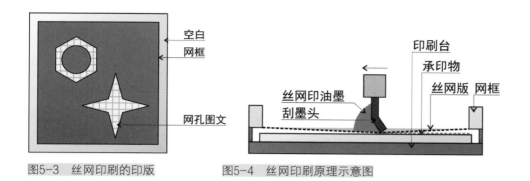

图5-3　丝网印刷的印版　　　　图5-4　丝网印刷原理示意图

- 补充要点 -

丝网印刷的起源

　　丝网印刷最早起源于中国，距今已有两千多年的历史了。早在中国古代的秦汉时期就出现了夹缬印花方法。到东汉时期夹缬蜡染方法已经普遍流行，而且印制产品的水平也有提高。至隋代大业年间，人们开始用绷有绢网的框子进行印花，使夹缬印花工艺发展为丝网印花。据史书记载，唐朝时宫廷里穿着的精美服饰就有用这种方法印制的。到了宋代丝网印刷又有了发展，并改进了原来使用的油性涂料，开始在染料里加入淀粉类的胶粉，使其成为浆料进行丝网印刷，使丝网印刷产品的色彩更加绚丽。

　　丝网印刷术是中国的一大发明。美国《丝网印刷》杂志对中国丝网印刷技术有过这样的评述："有证据证明中国人在两千年以前就使用马鬃和模板。明朝初期的服装证明了他们的竞争精神和加工技术。"丝网印刷术的发明，促进了世界人类物质文明的发展。在两千年后的今天，丝网印刷技术不断发展完善，现已成为人类生活中不可缺少的一部分。

第二节　制版方法

　　丝网印刷制版是丝网印刷的基础，如果制版质量不好，就很难印刷出质量好的产品。印刷中出现的故障往往与制版工艺技术和制版中选用的材料不当有关。因此要想做出质量好的丝网印版，必须根据制版工艺的要求，正确掌握制版技术，严格选用制版材料进行制版。

图5-5 丝网

图5-6 网框

图5-7 钉枪

图5-8 U形钉

图5-9 感光胶与感光液

一、制版材料及设备

1. 丝网

丝网是丝网印版制版的基本材料，是感光胶膜的支持体。丝网按照编织使用的材料分为绢网、尼龙丝网、涤纶丝网、不锈钢丝网等。按照编织方法又分为平纹织网、斜纹织网、拧织网等。需要墨层薄的图文，大多采用斜纹织网。

丝网的规格一般用丝网目数来表示，即丝网每平方厘米（cm^2）的网孔数目，目数越高，丝网越密，网孔越小。需要墨层厚的图文，选用拧织的低目数绢网或尼龙网。丝网一般为白色、黄色、橙色、红色、深红色等（图5-5）。

2. 网框

网框是指支撑丝网用的框架，由金属、木材或其它材料制成，分为固定式和可调式两种（图5-6）。

3. 绷网机

绷网机是将丝网绷紧在网框上的专用设备。绷网机上装有绷网夹，绷网夹夹住丝网的边缘，用压缩空气牵动，在一定的张力下，丝网粘贴在框架上。

4. 钉枪和U形钉

通过钉枪将U形钉钉入到木框中，在装订过程中注意钉子的装订角度为45°，每个边框的两端钉子定为十字交叉形（图5-7、图5-8）。

5. 感光胶与感光液

感光胶的优点是工艺简单、经济、实用。其特性有曝光速度快，网版经久耐用而且去膜容易，优良的耐溶性，其工作环境为温度18～20℃，相对湿度55%～65%，黄灯下暗房操作。

将感光乳剂与感光液以1∶9的比例（约近似于100度感光底片）调制。将感光乳剂倒入刮槽，网版直立倾斜70°～80°，而刮槽与网版成45°，将乳剂平均刮于网版上，若乳剂不够厚，可涂两层乳剂。涂完乳剂后，在晒版前避免让网版曝光（图5-9、图5-10）。

6. 丝网晒版机

丝网晒版机是专供晒制丝网印版的设备。晒版时，为了使丝网与底片紧密接触，须在丝网上放一块厚的海绵，同时在海绵和丝网之间加一块黑色绒布，防止透过丝网射到海绵上的光又被海绵反射到丝网上（图5-11）。

7. 刮刀

将被印物放置于网框的下方，将印墨均匀地放置于网版上方，使刮刀与网版呈75°。将印墨均匀地刮到另一端。刮刀要保持一定角度、方向与速度，不可中途停顿（图5-12）。

图5-10　调制感光乳胶

图5-11　丝网专用晒版机

图5-12　刮刀

（a）

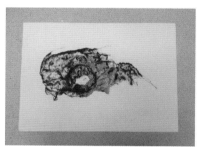

（b）

图5-13　原稿

8. 原稿

原稿中要印的图样或是文字必须要线条明确清晰且黑白分明。必须使用A4纸张或是描图纸等透光的材料来绘制原稿。可利用手绘、影印、剪贴及照相等方式来制作原稿（图5-13）。

二、制版的工艺方法

丝网印版的制作方法多种多样，约有几十种，根据制作方法和材料的不同可分为手工制版法、金属版制版法以及感光制版法。作为现代丝网印刷制版技术中的一个重要内容，下面将对感光制版法展开详细的讲解，同时需要注意的是，随着现代科技的发展，计算机直接制版技术对丝网制版的革新也是不可忽视的。

1. 感光制版法

感光制版法是利用感光胶（膜）的光化学变化，即感光胶（膜）受光部分产生交联硬化并与丝网牢固结合在一起形成版膜，未感光部分经水或其他显

图5-14　涂布感光乳胶

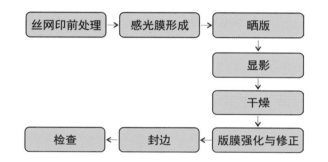

图5-15　直接法制版流程图

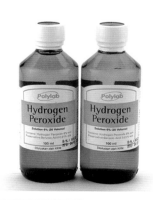

图5-16　过氧化氢溶液原材料

影液冲洗显影形成通孔，而制成丝网印版。这种制版方法质量高，效果好，经济实用。感光制版法分直接法、间接法、直间法（混合法）三种，本质上，这三种制版方法的技术要求是一样的，只是涂布感光胶或贴膜的工艺方法各有差异。

（1）直接法。是一种使用最为广泛的方法，先往绷在网框架上的丝网直接涂布调制好的感光乳胶，然后经晒版、显影制成丝网版。这种制版法是把感光液直接涂布在丝网上形成感光膜，感光材料的成本低廉，且制作简易方便。这种方法的缺点是涂布、干燥需要反复进行，而为了得到所需的膜厚，需要一定的涂布、干燥作业时间（图5-14）。

直接法制版的工艺流程为，先准备好原材料，然后对丝网进行一系列处理，如涂布感光胶膜、晒版、显影、干燥、版膜的强化及修正、封边等工序，最后对制好的印版进行检查（图5-15）。

（2）间接法。是在涂有感光层的胶片上制版，然后转拓到丝网上。间接法比直接法更容易得到精细的版，图形边缘光洁，不需要特殊的网框，也不需要专用晒版机。具有操作简便、节省时间的优点。其缺点是版的寿命较直接法短，费用高，版膜在转贴过程中容易伸缩，因此影响套合精度。

间接法的制版工艺流程为：曝光→活化处理→显影→冲洗→转拓→涂胶→去除片基→修整。

1）曝光。版在感光胶片上密附阳图底片进行晒版。晒版用平板晒版机。

2）活化处理。曝光后，感光胶片的受光部分胶膜硬化，在1.5%～2%的过氧化氢溶液中浸泡1～2min，对胶片进行活化处理（图5-16）。

3）显影。用温水显影，使感光片的片基上形成版膜，再用冷水冲洗。

4）转拓。将显影后的胶片，胶膜向上平铺在桌面上，再在胶膜上放置绷好丝网的网框，并在丝网上放吸水纸，用橡胶辊滚压，即可粘着。

5）涂胶。将专门配制的胶或直接制版法使用的感光胶，用笔涂填网框的四周，再用热风干燥。

6）去除片基。剥离感光片的片基，即得丝网印版。

7）修整。对印版进行检查，经必要的修正后，即可印刷（图5-17）。

（3）直间法。将直接和间接制版方法结合使用，即先将感光膜用水、醇或感光胶贴到丝网上，干燥后剥离感光膜上的片基，然后密合阳图底版、曝光、冲洗显影、干燥制成印版的制版方法称为直间法。直间法的转印贴膜是在曝光前，显影和直接法相同。

采用直间法制版的操作注意事项如下：

1）裁切感光膜片要按图文净尺寸每边大出50～70mm。

2）贴合时要用绒布沾水均匀润湿丝网面，或涂一层感光乳胶将胶片复合上去。用橡皮刮板刮去多余的水分，并设法挤出膜与网夹层中的气泡，否则网、膜黏合不牢会造成脱膜故障。

3）覆膜后的丝网版放置暗室内用30℃左右温风吹干，撕下片基，经充分干燥后的膜版即可与阳图底版紧密贴合进行晒版曝光。

4）冲洗显影与直接法相同，若细密的图文显影不出来，可用25℃温水轻轻喷洗，但应注意勿损坏版面。膜面水分在温风下干燥，经检查修整好的印版即可使用。

2. 计算机直接制版法

计算机直接制丝网版技术是丝网印刷中图像载体的数字化生产，直接通过计算机控制，在模板或丝网上输出。大多数计算机直接制丝网系统使用喷墨技术，在丝网上喷涂热蜡或油墨（图5-18、图5-19）。

首先，丝网必须采用封闭层/乳剂（模板材料）做衬底，印刷图像通过喷墨的油墨（成膜物质）加在衬底涂层上，然后再用曝光来固化模板材料，用水洗掉油墨覆盖区域的未固化涂层，再干燥，这样就制成丝印版了。在计算机制丝网版中，最高效的模板生产方法，是通过激光在涂布乳剂的丝网上直接曝光。激光束破坏图文区域的乳剂层，而非图文区域乳剂固化。这种方法适合于制金属丝网，而不适合制聚酯丝网。

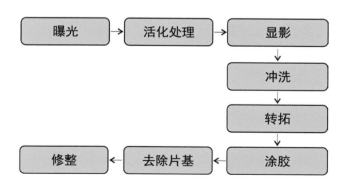

图5--17　间接制版法流程图

图5-18　CTS制版机

图5-19　计算机直接制版系统

- 补充要点 -

誊写版制版

誊写版印刷又称为油印，是孔板印刷的一种，其在特制的蜡纸上用铁笔刻画出文字图画，或用打字机打字，或用电火花打描等方法，在蜡纸上建立图文部分，获得印版。

1. 誊写版

使用皮纸经涂蜡制成的蜡纸用誊写钢板、铁笔刻写而成。誊写钢板表面布满均匀颗粒，其颗粒大小根据刻写的要求而有所不同，而且颗粒的排列方向也有所不同，还有为满足某些特殊用途而生产的特殊誊写钢板，如专刻乐谱、表格、花纹用的钢板，钢板两面都刻有颗粒，有的两面制成不同粗度或不同方向的颗粒，满足多种刻写。

2. 打字孔版

用可塑性的油型蜡纸放在打字机的橡皮辊筒上，用钢字敲打，由于钢字对蜡纸的敲击，使文字部分的油脂被底纸吸收，留下的为纸张的多孔纤维，印刷时便能透过油墨。打字蜡纸上的文字比誊写版好，字体、字号一致，字形规范化，速度也比誊写快。打字的字体、字号，取决于钢字的字体与字号，现常用宋体、仿宋体，字号有三号字和四号字，中文、外文打字机形式不同。中文打字机能打印中文中夹有少量外文，字隙和行距可以根据需要调整打字机的齿轮，打字过程中有错漏，可用改正液涂擦打字蜡纸，重新打字。

3. 放电式制版

制版方法是通过电子扫描装置对原稿进行扫描，将扫描所得的信息由光电管变为电信号，经放大后以火花放电对蜡纸击穿成孔，成为印版。它对原稿的要求并不高，半色调原稿、手写稿、描画稿、打字稿等都可制成印版，耐印力能达几千张。

第三节　印刷工艺

一、丝网印刷工艺安排

丝网印刷属于直接印刷方式，工艺安排有三种：

1. 纸板→丝网印刷→印后加工

首先在瓦楞纸板或其它纸板上进行丝网印刷，然后根据需要制作成纸箱、纸盒产品。

2. 纸箱→丝网印刷

直接在已制作好的瓦楞纸箱或其它纸箱、纸盒上进行丝网印刷。

3. 二次加工

首先在面纸板上进行丝网印刷，然后根据需要制作成瓦楞纸板，再做成纸箱、纸盒产品。

二、丝网版制作

1. 选择丝网（表5-2）

表5-2　不同材质丝网的特点

不同材质丝网	特点
尼龙丝网	尼龙丝网强度高，耐磨性较高，耐碱性较高，耐酸性稍差，油墨透过性好，丝线直径小，弹性好，印迹鲜明
涤纶丝网	涤纶丝网稳定性好，强度高，耐腐蚀，性能优于尼龙丝网，绷网张力高，适合高精印刷
不锈钢丝网	不锈钢丝网强度高，稳定性好，丝径小，网目高，耐抗性好，寿命长，弹性差，受冲击易破裂，适合精密印刷，不适合曲面印刷
镀镍涤纶丝网	镀镍涤纶丝网综合了涤纶丝网和不锈钢丝网的长处，适用性广，价格适中，耐腐蚀性差

丝网有平织、斜纹织、半绞织、全绞织。白色丝网曝光时易引起漫反射，金黄、红、琥珀色吸收紫外线，可防光晕。丝网网目数有30目/cm^2、40目/cm^2、60目/cm^2、80目/cm^2、120目/cm^2、140目/cm^2和160目/cm^2等几种，一般情况下，网目数大，网丝直径小，细丝密网，分辨率高；粗丝粗网分辨率低。印刷曲面时，用弹性大的丝网，如尼龙网；印刷吸收性大承印物时，用网孔面积大的丝网；印刷光滑面时，用高弹力、高张力的丝网；印刷粗糙面时，用低网目的丝网；印刷精度高的印刷品时，用低延伸率、高张力的丝网；印刷招牌、纺织品、针织品时，用28～78目/cm^2丝网；印刷纸、金属、玻璃、皮革、塑料时，用40～140目/cm^2丝网。

2. 绷网

丝网版网框有木框、金属框、塑料框、组合框等。绷网时，先对网框进行清洁处理，绷网可以采用手工、机械或气动方式，绷网后进行粘接和修整。绷网要求丝网张力适当，均匀稳定，丝向一致，避免斜拉，经纬丝各自平行（图5-20、图5-21）。

3. 制版

（1）传统制版方法

1）直接法：网版清洗→涂感光胶→晒版→显影→修版。这种方法涂胶费时，膜厚可调，结合牢固，耐印，图文易出锯齿。

2）间接法：感光膜片→晒版→显影→贴膜片→揭片基→修版。这种方法操作复杂，线条光洁，膜层不牢，耐印力低，膜层厚度不变。

3）混合法：网版清洗→贴膜片→晒版→显影→修版。这种方法操作简便，厚度固定，线条较光滑，较牢固。

（2）丝网直接制版。简称CTS（Computer-ToScreen）。

1）激光烧蚀直接制版。先在金属丝网上涂布丝网感光胶，用激光烧穿感光层，图文部分网孔通透，印前系统计算机控制烧蚀地方，此法只能用于金属网。

2）激光曝光直接制版。先在丝网上涂感光胶，

图5-20　绷网

图5-21　粘接与修整

印前系统计算机控制激光器在网版上成像，制成丝网版。这种制版方法使用专用感光胶，紫外线光波范围窄，激光曝光系统价格高（图5-22）。

3）喷墨成像系统。先在丝网上涂感光胶，印前系统计算机控制喷墨系统把阻光墨喷到图文部分感光层上，然后紫外线全面曝光。图文部分未感光，冲洗掉感光胶；空白部分感光硬化。此法可用普通感光胶，不损失图像细节部分（图5-23）。

三、丝网印刷机

丝网印刷机有手动丝网印刷机、半自动丝网印刷机、全自动丝网印刷机。还有揭书式、工作台升降式、滑台式、滚筒工作台式、弧形工作台式、曲面式、滚筒网版式、双滚筒式等丝网印刷机，根据需要选择。

四、特殊丝网印刷方法

1. UV仿金属蚀刻印刷

UV（紫外线）仿金属蚀刻印刷是在有金属镜面光泽的承印物上印上一层凹凸不平的半透明油墨以后，通过紫外线固化，产生类似于光亮金属表面经过蚀刻或磨砂的效果。印品高雅、华贵，用于高档精美包装。这种印刷方法使用UV固化仿金属蚀刻油墨，承印物为金卡纸、银卡纸或复合材料，使用70～100目/cm^{2}丝网。

2. UV皱纹花样墨印刷

UV皱纹花样墨印刷是用UV皱纹墨印于承印物表面后，经过紫外线固化，形成特别皱纹花样装饰效果。这种印刷方法使用40～60目/cm^{2}丝网，墨膜厚20～30μm，厚度大效果更好。

3. 冰花效果印刷

冰花效果印刷是在具有金属光泽的承印物表面，用丝印将冰花油墨

图5-22　丝网激光曝光直接制版

图5-23　丝网喷墨成像

图5-24　冰花效果印刷品

图5-25　发泡印刷品

印在其上，经紫外线固化后，呈现冰花状。这种印刷方法的承印物为金银卡纸，使用60～100目/cm²丝网（图5-24）。

4. 发泡印刷

发泡印刷是采用微球发泡油墨，用丝网在纸张或其它承印物上印刷，图文隆起，广泛用于书籍装帧、盲文、地图、包装装潢的印刷。这种印刷方法使用30～50目/cm²丝网。丝网还可以进行香味油墨丝网印刷、珠光油墨丝网印刷、液晶油墨丝网印刷、磷光油墨丝网印刷、荧光油墨丝网印刷、结晶体光泽丝网印刷等（图5-25）。

五、高速轮转丝网印刷生产线

由于平压平丝网印刷方式印刷速度低、油墨固化速度慢、印刷质量难于控制、印刷材料消耗大，无法满足香烟纸盒规模、批量生产的需要。采用高速轮转丝网印刷生产线，印刷速度快、生产率高、印品质量稳定、消耗低，改变了传统平压平丝网印刷、手动供纸、供墨方式，适合高速自动、大规模批量生产精美折叠纸盒。

卷筒纸轮转丝网印刷使用镍金属圆丝网印版、内置刮墨刀和自动供墨系统，刮墨刀将印刷油墨从圆丝网版上转移到由压印滚筒支承的承印物表面。整个印刷过程从进纸、供墨、印色套准、UV干燥等均由电脑全自动控制。

圆型丝网印版适合于大幅面轮转印刷、最高速度可达125m/min，丝网可重复使用。因此，卷筒纸轮转丝网印刷既能满足印刷磨砂、冰花等特殊效果的要求，又能联机烫印全息防伪标识、凹凸牙印、模切压痕，易于实现高速自动印刷纸盒。

- 补充要点 -

静电丝网印刷机

静电丝网印刷是用粉末状油墨，利用静电吸附油墨进行印刷。印版是导电良好的金属丝网，作为正极，而平行金属板为负极，在正负极之间放承印物。粉末油墨本身不带电，通过丝网孔后带正电荷，负极就吸引带正电荷的粉末油墨，油墨落于承印物上形成图文，经加热或其他处理，使图文固化在承印物上。

丝网版与承印物之间的距离越大，则要求电压越高，而粉末油墨容易飞散，因此一般采用小距离进行印刷，同时印品质量也好。

由于静电丝网印刷时，承印物不加压力，因此，能印柔软的、不能加压的或表面不平整的承印物，根据承印物的材质、形状不同，有相应的静电丝网印刷机相适应，而原理是相同的。

第四节　丝网印刷常见问题

丝网印刷中的故障，一般是由印版，刮板、油墨等引起的。

一、印品着墨不良

印刷品上，墨色浅淡，不均匀。排除的方法有：更换与承印物相匹配、附着性能好的油墨；添加减缓油墨干燥的助剂，降低油墨干燥速度；加大刮板的压力（图5-26）。

二、滋墨

印品层次并级，网点糊死的现象。排除的方法有：添加原墨，提高油墨的浓度；提高印刷速度；除低刮印压力；减少印版的供墨量，适当地增大刮板与印版的角度（图5-27）。

三、透印

印刷品的背面透过油墨或有溶剂扩大的污迹。排除的方法有：更换渗透小的油墨印刷，降低刮板压力。

四、印品长时间不干相互粘合

排除的方法有：使用快干稀释剂，增加油墨的干燥性。

图5-26　印品着墨不良

图5-27　网点糊死

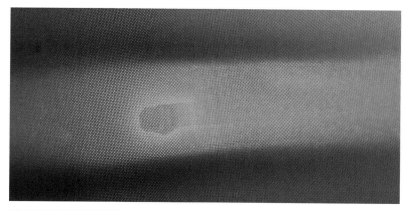

图5-28　版面堵网不下墨

图5-29　印版漏墨

五、版面堵网

油墨堵塞丝网印版的网孔，不下墨。排除的方法有：添加缓干的稀释剂，降低油墨干燥速度。使用指定的溶剂；适当降低油墨的黏度（图5-28）。

六、印版脱胶漏墨

印品空白部分出现较大面积的墨污。排除方法有：选用耐油墨溶蚀的感光胶制版；选用软质的橡胶刮板刮印；脱胶十分严重时，需重新制版（图5-29）。

课后练习

1. 什么是丝网印刷？
2. 丝网印刷有什么特点？
3. 简述直接制版法的工艺流程。
4. 直接制版法与间接制版法的本质区别是什么？
5. 选择丝网时需要考虑哪些方面？
6. 以小组为单位，完整完成一次丝网印刷。

第六章
印刷物料

学习难度：★★★★☆

重点概念：印刷物料、纸张分类、纸张特性、流变性能、干燥性能

◣ 章节导读

  印刷是一个多种设备、材料参与的过程，要了解印刷的开展，必须对印刷过程中一些重要的物料有详细的了解。印刷技术不断革新，新的材料不断被研发出来，本章将有选择性地介绍印刷过程中要用到的重要物料，为同学们以后的印刷实际操作打下重要的基础。了解这些物料的重要物理、化学、光学等性质，更深刻地理解印刷过程，提高对高质量材料的选择能力（图6-1）。

图6-1　印刷物料

第一节　纸张

  传统的纸张由植物纤维、辅料（胶料、填料、色料等）和水分组成，如今，合成纤维、化学纤维、金属纤维等纤维也可构成新的造纸原料。但是为了让油墨能够顺利地转移到纸张表面，从而完成图文信息的传递，就要求纸张具有一定的吸收性能，所以纸张纤维更多的还是以植物纤维为主（图6-2）。

一、纸张的计量

1. 纸张的规格

（1）正度纸。长1092mm，宽787mm。

（2）大度纸。长1194mm，宽889mm。

（3）不干胶纸。长765mm，宽535mm。

（a）

（b）

图6-2　纸张

（4）无碳纸。有正度和大度的规格，有上纸、中纸、下纸之分，纸价不同。

2. 纸张的计量

（1）定量和实际质量。纸张和纸板每平方米的质量称为纸张和纸板的定量，又称为克重，单位是g/m²。纸张的实际质量与标定定量之间会存在一定的误差，但误差需要控制在一定范围之内。

（2）平板纸的计量。平板纸在使用中常用"令"为计量单位，而业务结算时又常以质量为结算基础，如6500元/t，因此在进行成本预算的时候，需要把每令纸的实际质量计算出来。

1）专业术语。令，定量相同、幅面一致的500张全张纸为1令纸。令重，表示1令纸张的质量，单位是kg。印张，印张是出版社计算出版物用纸的计量单位，一张全张纸印刷一面为1个印张，对开纸正反两面印刷即为1印张。

2）计算公式。单张纸重（g）=纸张幅面面积（m²）×定量（g/m²）。令重（kg）=单张全张纸重（g）×500/1000

（3）卷筒纸的计量。是由造纸厂的生产车间直接称重得出，再扣除纸芯质量就得出该卷筒纸的净质量，并标于卷筒纸的外包装上（图6-3）。

卷筒纸净质量（kg）=卷筒纸总面积（m²）×实际定量（g/m²）/1000=卷筒纸的总长度（m）×幅宽（m）×实际定量（g/m²）/1000。

3. 开本和开数

我国传统的尺寸幅面以开本计。将一张全张纸裁切或折叠成幅面相等的小张纸的份数，称为开本数，即全张纸的几分之一。

开本是表示书刊幅面大小（规格尺寸）的行业用语。开本以全张纸开切或折叠的数量来表示（即开数）。例如，把787mm×1092mm的纸张，开切成幅面相等的32小页，称为32开，余者类推（图6-4）。

二、纸张的分类

纸张的分类很多，一般分为涂布纸和非涂布纸。涂布纸一般指铜版纸和亚粉纸，多用于彩色印刷；非涂布纸一般指胶版纸、新闻纸、多用于信纸、信封和报纸的印刷。

最常见纸张：

1. 拷贝纸

17g/m²，正度规格，用于增值税票、礼品内包装，一般是纯白色。

2. 打字纸

28g/m²，正度规格，用于联单、表格。有七种色：白、红、黄、蓝、绿、淡绿、紫色等颜色。

3. 有光纸

35～40g/m²，正度规格，一面有光。用于联单、表格、便笺，为低档印刷纸张。

图6-3 卷筒纸

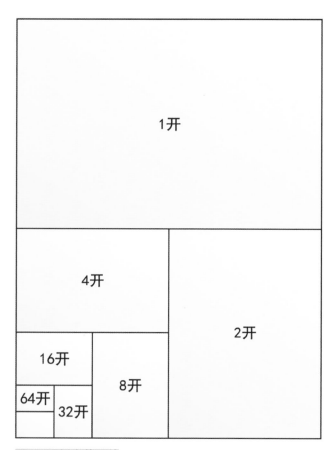

图6-4 纸张的开数

4. 书写纸

50～100g/m²，大度、正度均有。用于低档印刷品，以国产纸最多。用于练习簿、记录本、账簿及其他书写用纸，也可印刷书刊杂志。

5. 双胶纸

60～180g/m²，大度、正度均有，用于学生课本、高档书刊、杂志、封面、插图等的印刷，也是很好的办公用纸，同时还用于中档印刷品。

6. 新闻纸

55～60g/m²，滚筒纸、正度纸。主要用于各种新闻报刊、报纸选用。有全开的，更多的是滚筒装的。

7. 无碳纸

40～150g/m²，大度、正度均有，有直接复写功能，纸价不同，有七种颜色，常用于联单、表格（图6-11）。

8. 铜版纸

80g/m²、100g/m²、120g/m²、157g/m²、200g/m²，纸张的表面经过了特殊工艺的处理，纸质较紧且有光泽，色彩鲜艳明快。多用于印刷美术图片、插图、画报、画册、书刊、杂志、封面及高档商品外包装。其中可分：单铜，双铜，有光铜版纸和无光铜版纸。

（1）双铜。80～400g/m²，正度、大度均有，用于高档印刷品。

（2）单铜。用于纸箱、手挽袋、药盒等中高档印刷。

9. 亚粉纸

105～400g/m²，用于雅观、高档彩印。

10. 灰底白版纸

200g/m²以上，上白底灰，用于包装类。

11. 白卡纸

200g/m²，双面白，用于中档包装类。

12. 牛皮纸

60～200g/m²，用于包装、文件袋、档案袋。

13. 特种纸

一般为特殊印刷用的非常规纸张，以进口纸常见，主要用于封面、装饰品、工艺品、精品、包装等印刷。

14. 单面高级涂布白板纸

250g/m²、300g/m²、350g/m²、400g/m²，主要用于单面彩色印刷和纸盒包装

15. 胶版纸

表面无光泽的，纸质较松软，成本较低，多用于书籍的内页文字印刷部分，印刷的色彩不够艳丽。

三、纸张的重要特性

纸张能否满足印刷工艺的需要，取决于纸张的质量性能。在进行印刷时，必须充分考虑纸张本身的特性，纸张本身是一种多物质的混合体，影响和构成纸张质量的因素非常多，起决定作用的是纸张原材料性能、造纸工艺过程和造纸设备等。

1. 纸张的两面性和方向性

（1）纸张的两面性。在某些造纸过程中，如在使用长网机或圆网机造纸时，纸页的形成过程中，一面与网面接触，另一面与毛毯接触，从而形成两种不同的表面状态，即纸张存在正、反两面，正面为毛毯面，反面为网面。纸张的两面性对最终印刷质量是有很大的影响的，其具体体现在相同印刷条件下，纸张的正反面会存在印刷质量差异。在现代造纸工业中，一些企业会采用如立式夹网成形工艺技术等最新技术制造纸张，从而最大程度减少纸张的两面性差异，提高纸张品质。

（2）纸张的方向性。又称丝缕性，是指纸张中大部分纤维的走向。纸张在抄造过程中，纤维的排列方向受到铜网（或毛毯）的牵引力而与造纸机运转方向相平行，所以造纸机铜网（或毛毯）的运动方向决定了纸张中大部分植物纤维的排列方向，其中造纸机运转方向又称为Machine Direction，简称MD方向，而与MD方向垂直的纸幅方向则称为Cross Direction，简称CD方向（图6-5）。

与纸张的方向性类似，印刷中纵向纸、横向纸的概念很容易理解。纵向纸，就是指纤维的排列方向与纸的长边平行的纸张；横向纸是指纤维的排列方向与纸的长边垂直的纸张。但是，纸张的纵横向与纵向纸、横向纸的概念不同，这点我们应该注意，不可混淆。纸张总存在纵、横向，但只有平张纸才有纵向纸、横向纸之分，卷筒纸只能沿纵向（MD方向）进入轮转印刷机完成印刷（图6-6）。

2. 纸张的吸湿性与静电现象

在出厂时，纸张中的水分一般控制在4%～9%。但当纸张暴露在空气中，纸张中的水分会随着周围空气温度和相对湿度的变化而变化，一种变化称为吸

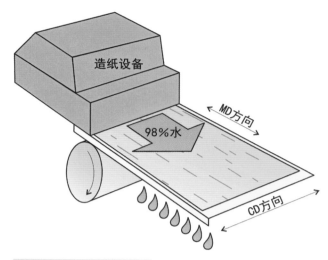

图6-5　纸张方向性的形成

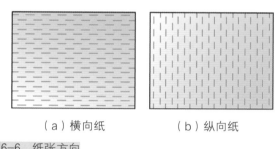

（a）横向纸　　　　　（b）纵向纸

图6-6　纸张方向

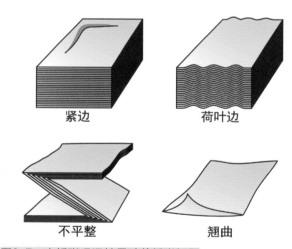

紧边　　　　　　　荷叶边

不平整　　　　　　翘曲

图6-7　由纸张吸湿性导致的纸张问题

湿，一种称为脱湿。吸湿与脱湿都会使纸张产生质量问题，从而影响印刷（图6-7）。

（1）吸湿。是指纸张从潮湿的空气中吸收水分的一种现象。吸湿过程中纸张往往会发生膨胀，纸张中植物纤维吸水膨胀在不同方向上有很大的差异，一

般其横向膨胀比纵向膨胀要大得多，相差达2～8倍，这种差异直接影响着纸张尺寸的稳定性，从而导致印刷故障。

（2）脱湿。是指纸张向干燥空气脱水的一种现象。脱湿过程中纸张往往会收缩，纸张的收缩在MD方向和CD方向变化量也是不同的，因而导致纸张翘曲的情况发生。

此外纸张的吸湿性、环境的相对湿度也是静电问题的主要原因。而纸张含有静电会使平板纸纸张之间发生粘连而不易分开，容易引起印刷双张、歪张等输纸故障（图6-8）。

研究表明，印刷时纸张的含水量低于3.5%，车间的相对湿度低于40%，则容易出现静电现象。当纸张的湿度低于印刷车间的湿度时，静电现象会加剧。如果纸张的导电性高，静电会减少。

3. 纸张的表面强度

纸张的表面强度是指纸张的纤维、填料和颜料等与纸张结合连接牢靠的结实程度，即纸张表层物质互相结合的强度。

作为表示纸张表面抵抗外力作用的一项重要技术指标，表面强度的大小对印刷质量有着重要的影响。在印刷过程中，油墨通过压力的作用向纸张表面进行转移，在印刷速度和油墨黏附的共同作用下，油墨会在纸张表面产生一个剥离力，如果这种剥离力大于纸张的表面强度时，会导致纸张表面的破坏，纤维或者其他粒子会从其表面脱落下来，产生拉毛（Picking）现象，严重时还会产生剥纸现象，即纸张表面被成片剥离或分层破坏。

4. 纸张的力学强度

纸张的力学强度是指：导致纸张开始受到整体性破坏或结构发生不可逆变化时的最大应力临界值。根据外力性质的不同，可用耐折度、抗张强度、挺度和撕裂度等指标来表示。

（1）耐折度。是指纸张耐折叠的程度，通常用沿同一折缝往复作180°折叠，直至折断时的折叠次数来表示。耐折度是纸张的基本机械性质之一，一般将耐折度达到100次以上的为坚固纸张；20～100次为欠坚固纸张；20次以下为不坚固纸张。例如，纸钞用纸的耐折度要求达到1000次以上。

（2）抗张强度。是指在一定条件下，一定宽度的纸张受拉力作用直到断裂瞬间所能承受的最大拉力，即单位截面积所能承受的张力大小，单位用kN/m^2表示，其测量可用专门抗张强度测试仪（图6-9）。在实际印刷中，在进行卷筒纸印刷时，纸卷有时会发生断裂的情况，导致印刷不能正常进行，发生这种现象往往是因为纸张的抗张强度偏低。

（3）挺度。是指纸和纸板的抗弯曲能力，它表示了纸张柔软或挺硬的性质，即刚性或柔软性。挺度与纸和纸板的厚度关系较大。在理论上挺度与厚度的三次方成正比，如紧度保持一定时，挺度的增加与厚度

图6-8　纸张静电导致的粘连

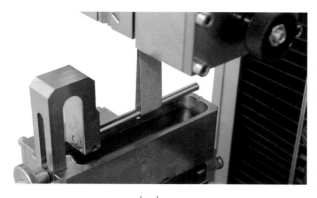

（a） （b）

图6-9 抗张强度测试仪

的三次方成正比；在定量保持一定时，挺度增加与厚度二次方成正比；在厚度一定时，挺度与紧度成正比。打浆度高的纸浆制成的纸张的挺度也较大。因此，掺入一定量草浆的纸与纸板，其挺度都较好。

（4）耐破度。指纸或纸板在单位面积上纸张所能承受的均匀增大的最大压力，单位为kg/cm²。它是检测纸张纤维长度与结合力的一项重要指标。

（5）撕裂度。是指撕裂一定距离纸页所需的力。纸张撕裂时所用的力包括把纤维拉开和把纤维拉断两个力。

5. 纸张的表面疏松物

纸张的表面疏松物是指纸和纸板在压光、分切、包装过程中附着在纸面上的粉尘或纸屑。

纸张的表面疏松物通常来源于压光纸粉、游离纤维或微粒、造纸毯毛、分切纸粉等，在印刷过程中，它们堆积在印版或橡皮布（切纸纸粉主要堆积在橡皮布中纸张大小的区域范围边缘处，其他表面疏松物出现的位置则是随机的），从而造成印刷故障。

6. 纸张的Z向强度

纸张的Z向强度，又称纸张的内结合强度，是指把纸张平面定义为X-Y平面，即纸张的纵向为X向，横向为Y向，而厚度方向为Z向。Z向强度指单位纸页面积上，垂直于纸页平面的抵抗分层、抵抗撕裂的能力。

在热固轮转胶印过程中，有时会发生起泡故障，这是因为纸张的Z向强度不够。首先完成印刷的纸张经过热风烘干，纸中的水分在高温的作用下汽化，若纸张表面油墨层较厚，则水蒸气不易透过，此时如果纸张的Z向强度不高，则水蒸气会顶起纸张产生分层，从而出现了起泡的现象。

7. 纸张的吸墨性

作为印刷用纸的一个重要质量指标，纸张的吸墨性决定着油墨印刷到纸张表面后的渗透量和渗透速度。纸张的吸墨性对印刷质量的影响表现为两个方面：一是油墨被纸张毛细微孔吸入纸张内部，以及在印刷压力的作用下油墨在纸张表面的铺展程度；二是油墨被纸张吸收的均匀程度（表现为纸张的印刷均

涂布纸

未涂布纸

图6-10 涂布纸与未涂布纸的印刷色彩效果对比

（a）

（b）

— 补充要点 —

选用大度纸还是正度纸？

大度纸尺寸：1194mm×889mm，正度纸尺寸：1092mm×787mm。

选用纸张大小，一般根据设计尺寸在大度和正度纸里的拼版情况，如果正度纸里能拼出来的个数和大度纸差不多，那么就用正度纸划算，如果差的比较多，那就用大度纸。

特别是印刷量比较少的情况下，建议用大度纸，因为大度纸可以显著地减少印次，降低人工成本，而少量印刷，纸张费用是很少的。另一种情况相反，大量印刷如几十万印次的，就可以考虑正度纸了，因为这个时候纸张的费用相当惊人。

匀性）。例如，在相同印刷条件下，印有相同图像的未涂布纸和涂布纸印刷品，可以明显感觉到未涂布纸印刷品图像的色彩不够鲜艳、饱和（图6-10）。

许多印刷故障往往是由于纸张对油墨的吸收能力与所采用的印刷条件不相匹配所造成的，例如对油墨吸收能力过大，则导致印迹无光泽，甚至产生透印或粉化现象；油墨吸收能力过小，则油墨的干燥速度慢，容易导致背面蹭脏等故障。纸张吸墨性的大小不仅取决于纸张本身的结构特征，而且与油墨的组成和特性、印刷方式以及印刷压力相关。

第二节　油墨

油墨是由有色体、连接料、填充料、附加料等物质组成的均匀混合物，能进行印刷，并在被印刷物上干燥，是有颜色、具有一定流动度的浆状胶黏体。油墨的性能直接影响印刷品的质量。性能优良的油墨应具有适当的黏度和黏着性、良好的流动性能、较好的着色力和透明度、较强的耐抗性和承印物表面附着力，以及印刷在承印物上能快速干燥并形成高光泽的油墨膜层。油墨的性能包括基本性能、颜色性能、流变性能和干燥性能。

一、油墨的基本性能

油墨的基本性能包括细度、密度、光泽度、透明度、着色力、耐抗性等。它们体现了油墨的结构特征、光学特征、显色能力和化学特征，是油墨性能的重要的衡量标准。

1. 细度

细度是指油墨中颜料、填充料等固体粉末在黏合材料中分散的程度，又称为分散度。油墨细度的测量通常用刮板细度计来进行，单位为微米（μm）。印刷油墨的细度一般为15~20μm（图6-11）。各种油墨辅助剂的细度一般为20~35μm。油墨的细度关系到油墨的流变性、流动度及稳定性等印刷适性，是一项很重要的质量指标。油墨的细度差，颗粒粗，印刷中会引起堆版现象。在胶印和凹印中会引起毁坏印版和刮刀的现象。而且由于颜料的分散不均匀，油墨颜色的强度不能得到充分发挥，影响油墨的着色力及干燥后墨膜的光亮程度。

2. 密度

密度是指20℃时单位体积油墨的质量，用g/cm³表示。

3. 光泽度

光泽度指油墨在承印物表面形成墨膜后可见光在同一角度反射光线的能力。油墨的光泽度表明了油墨在承印物表面形成墨膜后的光亮程度。为提高印刷品质量，一般要求油墨的光泽度越高越好。

4. 透明度

透明度是指油墨对入射光线产生折射（透射）的程度。印刷中透明度是指油墨均匀涂布成薄膜状时，能使承受物体的底色显现的程度。油墨的透明度低，不能使底色完全显现时，便会在一定程度上将底色遮盖，所以油墨的这种性能又称为遮盖力。油墨的透明度与遮盖力成反比关系，透明度用油墨完全遮盖某种底色时油墨层的厚度来表示，厚度越大，表明油墨的透明度越好、遮盖力越低。透明度取决于油墨中颜料与黏合材料折射率的差值，并与颜料的分散度有关。颜料与黏合材料的折射率差值越小，颜料在黏合材料中的分散度越好，则油墨的透明度越高。要实现四色印刷时要求油墨的透明度尽可能高，这样在叠色印刷时才能正常反映油墨层颜色的混合现象（图6-12）。

5. 着色力

着色力是指油墨层在承印材料上所能显示颜色强度的能力，它是表征油墨浓度或饱和度的质量指标之一。油墨的着色力，除了由其结构中的颜料浓度、含量和分散度决定外，同时也与油墨膜对光波的选择性吸收和反射有关。一般地说，颜料含量多且分散度又大时，其着色力强；反之，其着色力弱。

6. 耐抗性

油墨的耐抗性能指的是印刷品在使用期间是否能保持原有色彩的能力，是印刷品质量好坏的表现，也是印刷油墨性质好坏的表现。因此，为保证印品质量，特别是一些特殊用途印品的质量，必须改善油墨相应的耐抗性能。油墨的耐抗性包括耐热性、耐光性、耐化学品性能等。大多数颜料在日光、温湿度、酸碱度的影响下，其分子结构或晶体结构易改变，从而导致颜色变化，一般有机颜料的耐抗性能较无机颜料的耐抗性差，因此，油墨中必须适当地对耐抗物质进行调整，以改良其耐抗性能。

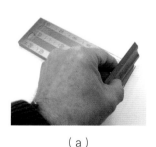

（a）　　　　　　　　　　（b）

图6-11　刮板细度计

（a）遮盖度30%　　　（b）遮盖度60%　　　（c）遮盖度100%

图6-12　不同油墨透明度对颜色叠印的影响

（a）

图6-13 油墨的颜色

（b）

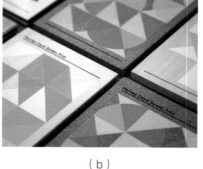

图6-14 潘通色卡

二、油墨的颜色性能

作为信息源图文信息的复制载体，油墨在整个印刷工艺中尤其重要，其颜色显色性是实现图文复制的重要基础，是其最重要的性能。油墨在承印物表面固着干燥后，油墨墨膜对入射光线作选择性的吸收和反射，从而使读者感受到信息源图文信息的复制信息（图6-13）。

在油墨的结构组成中的色料直接决定着油墨的颜色，色料颜色不同，油墨从而也会呈现出不同的颜色，通过选择不同颜色色料，理论上人们能够制造出各种各样的油墨。在实际的印刷中，考虑到便捷、成本等各种原因，最常用的油墨只有四种（青、品、黄、黑），然后利用这四种颜色的油墨合成自然界大多数的颜色。但在一些特殊的情况下，人们需要用到除了这四种颜色以外的其他颜色油墨，它们统称为专色油墨。

1. 标准四色油墨

标准四色油墨指的是构成四色印刷工艺中的三个原色油墨：黄、品红、青色油墨，外加黑色油墨。按照减色法原理，实现彩色印刷时理论上使用黄、品红、青三种原色油墨就可再现自然界的色彩，但在实际应用中，黑色油墨是不可或缺的，它和黄、品红、青色油墨一起共同构成了四色印刷工艺的基础。需另外选用黑色油墨的原因有：现实中三原色油墨本身颜色不纯，三色叠印并不能合成纯黑色（而是灰色）；在实际印刷中，线条、文字大多是黑色，当这些元素较小，若用多色印刷，则容易出现套印的故障；黑色油墨最廉价，可节约成本。

2. 专色油墨

在商品的包装领域得到广泛的应用。世界知名的油墨厂商都有自己的专色油墨系列，最常用的专色油墨色系有美国的潘通色系和日本的DIC色系等（图6-14、图6-15）。

在下列情况中，需要使用专色印刷工艺：

（1）考虑到成本因素，四色印刷需要制作四套印版来实现某个特

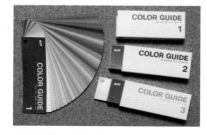

图6-15 DIC色卡

定颜色的印刷，若使用专色则只需一个印版，用单色印刷机完成印刷，如果印刷数量较多，则可大大降低生产成本。

（2）考虑到质量因素，专色不需要套色，颜色还原稳定。

（3）当需复制的颜色在标准四色油墨的色域之外时，例如荧光墨，可以考虑使用专色油墨来完成。

（4）一些特殊用途的印刷，例如金、银墨印刷等。

油墨调配包括油墨的印刷适性调配和油墨的颜色调配。如对干燥太慢的油墨加催干剂、黏着性太大的油墨加撤淡剂等都属于油墨的印刷适性调配；用现有的四色油墨调配专色油墨则属于油墨的颜色调配。油墨调配是印刷操作员的基本技能之一，一些包装印刷企业还专门设有调墨这一工作岗位。随着科技的发展，现在在一些专用仪器和软件的帮助下，已经可以实现专色油墨的计算机调配，极大提高了专色油墨调配的效率和质量。

三、油墨的流变性能

油墨基本上属于流体（固体状油墨除外），主要有两大类型，即液状油墨和浆状油墨。在印刷过程中，油墨会发生变形及相应的流动和断裂行为。油墨要在印刷机上经过墨路（Ink Train，由墨斗、墨斗辊、串墨辊、匀墨辊等一系列油墨经过路线所构成）的转移、匀墨、分配和传导到印版上，最后转移到承印材料表面，因此需要油墨具有合适的流变性能。如果油墨的流变性能不好，在印刷中可能会出现一系列的工艺问题，如飞墨、堆墨辊、堆版、不下墨、网点变形、印迹暗淡无光、拉毛等。

1. 黏着性

当油墨层被外力分离时，其内部会有一种抗拒被破坏的内聚力，这种内聚力有两种表现形式，由油墨内聚力所产生的阻止油墨分裂的力的量度就是黏着性，由油墨内聚力所产生的阻止油墨相对移动的力的量度则是黏度（图6-16）。

油墨的黏着性对于印刷工艺非常重要。例如印刷时油墨在速度和压力作用下转移到纸张表面，在油墨墨层发生剥离时，若油墨本身的黏着性大于纸张的表面强度，就会把纸张表面的物质拉扯下来，从而造成拉毛、掉粉等印刷故障。

2. 黏度

黏度是流体抗拒流动的一种性质，是流体分子间相互吸引而产生的阻碍分子间相对运动能力的量度，即流体流动的内部阻力。油墨的黏度和它的流动度是成反比的，黏度越高，其流动度越小，反之其流动度越大（图6-17）。

3. 触变性

在一定的温度下，油墨经搅拌或施加机械外力后，流动性得到改善，黏度下降；静置后，流动性又变得不好，黏度上升，这种性质称为油墨的触变性。

油墨具有触变性对印刷工艺有很重要的意义。在给墨过程中，有的印刷机墨斗装有搅拌装置，用以使油墨发生触变现象，降低油墨的表观黏度，使油墨顺畅地从墨斗中传递出去，进入分配行程。在分配行程中，如果油墨的触变性较大，在分配行程中，油墨的表观黏度会明显地下降，有助于油墨的均匀化和转移传递。进入转移行程的油墨，因触变作用表观黏度下降，油墨转移到承印物上以后，外界的机械作用没有了，表观黏度重又回升，保证了油墨不向四周流溢，

黏稠度正常

黏稠度过低

图6-16　简单测试黏着性的方法

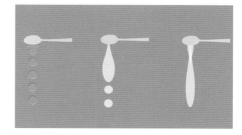

图6-17　简单测试黏度的方法

图6-18　冷固胶印轮转油墨

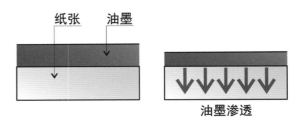

图6-19　渗透干燥原理

使网点清晰，印品的墨色鲜明而浓重。由此看来，某些印刷过程是利用了油墨的触变特性才得以实现的。

四、油墨的干燥性能

油墨的干燥是指油墨转移到承印物表面形成液态的墨膜，膜层经一系列物理、化学变化而成为固态或准固态膜层的过程，影响此过程的因素非常多，它是多种因素相互作用、相互影响的结果。

油墨的干燥过程可分两个阶段完成：第一阶段，油墨由液态转化为半固态，不再发生流动转移，这是油墨的固着阶段，是油墨的初期干燥，用初干性表示；第二阶段，半固态油墨中的黏合材料的主体部分，发生物理、化学反应，完全干固成膜，这是油墨的彻底干燥阶段，用彻干性表示。

油墨的干燥速度与油墨的干燥方式有关，油墨的干燥方式又取决于油墨中黏合材料的组分，因为黏合材料尤其是其中的树脂和植物油是油墨中的主要成膜物质（表6-1）。

表6-1　常用黏合材料的干燥形式及成膜性

黏合材料		干燥形式	是否结膜	能否单独作黏合材料
油	植物油	氧化结膜	是	可以
	矿物油	渗透、挥发（加热）	否	不可以
有机溶剂		挥发	否	不可以
树脂		无（不能单独干燥）	是	不可以

油墨的干燥形式多种多样，不同的干燥形式适用于不同的印刷方式和承印物。而为了适应不同的干燥方式，油墨中黏合材料的配方也需要根据不同材料的性能进行调整和组合。需要指出的是，很少有印刷过程是靠单一的油墨干燥方式实现的，一般都是两种或以上的干燥方式共同实现，只是以其中一种干燥方式为主而已。

1. 渗透干燥

渗透干燥型油墨的黏合材料由矿物油、树脂组成，称为不干性矿物油黏合材料。渗透干燥的油墨主要是冷固胶印轮转油墨（图6-18），用来印刷新闻纸、书写纸等结构较疏松的纸张。渗透干燥的优点是干燥速度快，缺点是干燥后的墨膜不牢固、不耐磨，因为其成膜性不好，油墨被大量地吸收到纸张的结构内部，其印刷品的图文质量不高。

它的干燥机理是依靠矿物油的渗透作用和纸张的吸收作用共同完成干燥。其干燥过程为：油墨转移到纸张上以后，黏合材料中的矿物油渗入到纸张内部，留在纸面的颜料与树脂迅速地固着，完成干燥过程（图6-19）。

2. 挥发干燥

挥发干燥型油墨主要有两种，一种其黏合材料由有机溶剂加树脂组成，一种由水加树脂组成。前者是传统的挥发干燥油墨，广泛用于凹版印刷，但是这种油墨有挥发性有机物排放，影响环境。后者是新型环保油墨的代表，在柔性版印刷中广受推崇，是今后用于包装印刷的油墨的发展方向。挥发干燥型油墨的干燥速度取决于溶剂或水的挥发速度。

它的干燥机理是依靠油墨中的溶剂或水向空间挥发来完成干燥。其干燥过程为：油墨转移到承印物表面以后，黏合材料中的溶剂或水在空气中挥发，剩余的树脂黏合材料与颜料一起形成固体膜层，固化在承印物表面。

3. 氧化结膜干燥

氧化结膜干燥型油墨的黏合材料由干性植物油组成，称为油脂型黏合材料。氧化结膜干燥的干燥速度很慢，通常要十几个小时膜层才能完全硬化，但是其形成的墨膜光泽好，与纸张结合牢固，耐摩擦，并有一定弹性，是平张胶印油墨的主要干燥方式。

它的干燥机理是利用氧化聚合反应使油墨层由液态变为固态。其干燥过程为：油墨转移到承印物上以后，油墨中的干性植物油吸收空气中的氧气发生氧化聚合反应，使呈三维空间分布的干性油分子变成立体网状结构的巨大分子，干固在承印物表面（图6-20）。

4. 热固干燥

热固干燥型油墨的黏合材料由少量的干性植物油、较多的矿物油（主要是窄馏程的高沸点煤油）和树脂组成，其干燥速度快，但干燥时消耗大量能量。在热固轮转胶印机对涂料纸的印刷中，热固干燥型油墨使用较多，它能满足在高平滑度纸张上进行快速印刷的要求。

热固干燥油墨的干燥机理是利用加热烘干装置加快高沸点煤油的挥发干燥速度。干燥的过程为：先将油墨转移到承印物上以后，然后通过加热装置使墨层中的高沸点煤油迅速挥发，同时油墨内的树脂被加热软化，固体颜料颗粒渗入半流动状态的树脂中，经冷却后一起固化在承印物表面。

5. 光固化干燥

光固化干燥又称为UV干燥，光固化干燥型油墨的黏合材料由光固化树脂、光敏剂、交联剂组成，这种干燥方式干燥速度极快，可以实现瞬间干燥，同时也不会产生使用一般油墨时常出现的干燥问题。光固化干燥型油墨可在塑料、胶片、镀铝纸等非吸收性材料上实现传统胶印印刷，而且比溶剂型油墨环保，油墨中不含有溶剂、稀释剂，所以也没有溶剂挥发和吸收，所印的油墨会全部都保留在干燥后的墨膜中，但是这种油墨使用成本高（油墨成本和UV印刷的设备投资）、干燥时会由于氧化作用产生臭氧以及在高速卷筒纸上的适印性问题（图6-21）。

光固化干燥型油墨的干燥机理是利用紫外线照射使光敏剂分解形成自由基，这些自由基使光固树脂与交联剂瞬间产生交联，形成类似于塑料膜的固体墨膜并固化在承印物表面。其干燥过程为：油墨转移到承印物上以后，光敏剂受到紫外线的照射被激发形成自由基，自由基使光固树脂和交联剂交联共聚，从而完成干燥过程。

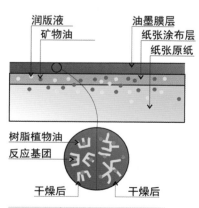

图6-20　氧化结膜干燥示意图

（a）

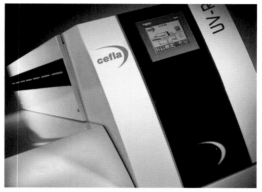
（b）

图6-21 UV干燥机

— 补充要点 —

防伪油墨

　　防伪油墨，指具有防伪功能的油墨，即在油墨黏合材料中加入特殊性能的防伪材料，经特殊工艺加工而成的特种印刷油墨。印刷的防伪油墨主要有隐形荧光油墨防伪、有形荧光油墨防伪、温变油墨防伪、专色防伪等4种。

　　1. 隐形荧光油墨防伪

　　所用材料为隐形荧光油墨，印刷工艺简单，该油墨印刷处隐形图案或文字，在紫外光照射下，呈现出清晰光亮的图案，检测方便，适用范围广，缺点在于因为是隐形即无色，所以其套准难度高。

　　2. 有形荧光油墨防伪

　　所用材料为有形荧光油墨，印刷工艺简单，套准精确，印刷效果同普通油墨印刷效果一样，但在紫外线光照射下，印刷品呈现出异常的光亮，此时可区别于普通油墨。

　　3. 温变油墨防伪

　　所用材料为温变油墨，方法有有色墨变无色、无色墨变有色。温度变化范围有高有低，有可逆和不可逆之分。该方法印刷工艺简单，检测方便。

　　4. 专色油墨防伪

　　专色油墨防伪也是软包装防伪技术中不可或缺的一种重要防伪技术。由于专色是由油墨厂家或包装企业采取特殊配方配制的专用颜色，具有不易仿制的特点，色相也很难被模仿，一般是不能通过其他几种油墨调配出来的，价格和普通油墨相近，且防伪效果佳。

第三节　其他辅助材料

一、润湿溶液

润湿溶液是胶印机的重要保养用品之一，润湿溶液其实并非纯水，而是由各种弱酸、氧化剂、盐、胶体、表面活性剂等物质溶于水中所组成的具有特定性能的混合溶液。根据润湿液的成分不同，目前使用的润湿液主要有普通润湿液、酒精润湿液和含非离子表面活性剂的润湿液等几种类型（图6-22）。

1. 润湿液的浓度

润湿原液（或润湿粉）与水的配比比例，称之为润湿液的浓度，通常以百分数来表示。当湿润液浓度过大时，润湿液pH偏高，油墨干燥慢，印版耐印力降低，图文和空白基础受到破坏；浓度过小时，润湿性不好，空白部位版面起脏、糊版，用水量加大。

决定润湿液浓度大小的因素主要有：油墨的性质、纸张性质（尤指表面强度与酸碱度）、印版图文的载墨量、催干剂用量、环境温度、版面图文结构和分布情况、印刷速度等。

2. 润湿液的pH

在印刷中，要使印版空白部位生成无机亲水盐层，润湿液必须保持一定的pH，润湿液的pH对印版的耐印力、油墨的转移、润湿液的表面张力等都有影响，因此，应定时测定润湿液的pH，并控制在印刷工艺所要求的范围内。

润湿液pH对印刷的影响还有：弱酸性润湿液有利于版面空白部位生成亲水无机盐层，从而保持亲水性；pH过低，酸性过大，会严重腐蚀金属版基，破坏图文和空白基础，并减缓油墨的干燥速度；pH过高，会破坏PS版的图文亲油层，并引起油墨的严重乳化。

3. 润湿液的电导率

电导率是电阻的倒数，用ps/cm表示，其高低可以间接表示溶液中各种离子浓度的高低。润湿液电导率主要是由润湿液原液中的各种电解质和其他成分，以及稀释用水的硬度来决定的。

润湿液中钙、镁离子增多，长期使用会沉积水垢，不仅影响输水系统循环，还影响水辊、墨辊、橡皮布表面的润湿性能，并阻碍油墨的传递。此外，钙、镁离子增多还可能引起油墨过度乳化，从而影响印刷的质量。

二、橡皮布

橡皮布一般用在胶版印刷中，可分为普通型橡皮布和气垫型橡皮布。普通型橡皮布由表面胶层、织布层和弹性胶层（布层胶）组成，其厚度一般在

（a）

（b）　　　图6-22　湿润溶液

1.80~1.95mm，分为三层结构和四层结构等品种；气垫型橡皮布由表面胶层、气垫层、弹性胶层和纤维织布层组成，其厚度一般在1.62~1.93mm，也分为三层结构和四层结构等品种。

普通型橡皮布具有良好的弹性和瞬间复原性，吸墨传墨性能好，有一定的抗酸性。但在动态压印状态下，因为其不可压缩的性质，被压缩部分橡皮布的表面胶层会向两端伸展，产生挤压变形而出现"凸包"现象，容易导致此处的图文印迹或网点位移及变形（图6-23）。

气垫型橡皮布具有优良的吸墨、传墨和抗酸性能，对印版磨损小，耐印力高，剥离性好。其可压缩性或瞬间复原性良好，特别是在动态受压过程中，微球体中的气体会被压缩，微球体体积缩小，使气垫橡皮布在压印中产生正向压缩变形而不会向两端扩张，故不会出现"凸包"现象（图6-24）。

因此使用气垫型橡皮布时，在印刷图文复制过程中不易出现网点变形和重影等故障，能适应多种规格产品的印刷。气垫橡皮布的可压缩量为0.13~0.26mm。在印刷过程中，可在规定范围内任意调整印刷压力，气垫橡皮布均能保持良好的工作状态，并获得最佳的印刷效果。另外，气垫橡皮布良好的可压缩性对印刷机容易出现的"墨杠"、"条痕"等故障也能起到很好的缓解作用。

三、印版

1. 印版的结构与组成

印版，可分为图文部分和非图文部分，所用版材的基本结构可分为版基、结合层和感光（成像）层。但有时结合层和感光（成像）层和版基属于同种物质，例如凹版印版。

不同印刷方式，其图文部分与非图文部分组成结构不同。平版印刷版材（图6-25）上的印刷图文部分和非图文部分由不同物质构成，版基构成了非图文部分基础，而图文部位则由附着在版基表面的亲油物质构成。柔性凸版印刷（图6-26）、凹版印刷（图6-27）的图文部分和非图文部分都是由相同的亲油版基物质

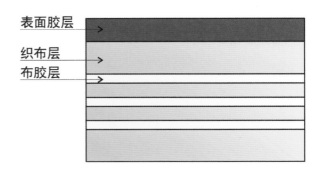

图6-23　普通橡皮布结构

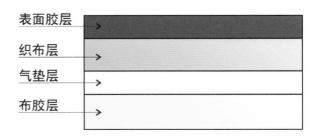

图6-24　气垫型橡皮布结构

图6-25　平版印版

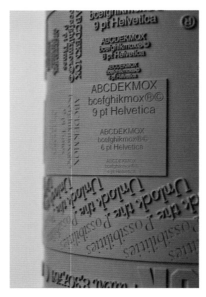

图6-26　凸版印版

图6-27　凹版印版

图6-28　网版印版

构成，不同之处仅在于图文部分和非图文部分在版材上存在着高度差。网版印刷版材（图6-28）上的非图文部分由网状版基表面涂布封孔物质所组成，而图文部分则由网状版基表面的无数个网孔所组成，印刷时油墨通过漏印的方式来完成图文信息的转移复制。

2. 印版的使用与管理

印版的使用与管理，是指对所使用的印版包括从采购到制版、印刷完成，再到回收再生使用，直至失效的全生命周期过程的管理。

（1）印版的使用

1）选购。按工艺设计规定的工艺操作技术条件、印刷机设备要求和印刷品质来选择相应的印刷版材，以获得制版速度快、耐印力高、成本低、印刷质量好的印版。

2）制版。按工艺要求进行印版制作，经曝光、显影、定影等处理后，制成可供打样或印刷的印版。

3）印刷。将印版安装在打样机或印刷机上，经调整印版位置和印刷压力后，就可进行印刷。印刷完成以后，从印刷机上拆下印版，要妥善放置，进行再生处理后可再使用。

4）再生处理。印版经过使用之后，根据版基结构状况，一般均可进行再生处理后重新制版使用。方法是先将印版表面上的图文感光层部分去除或剥离，然后进行脱脂、粗化、除污等表面处理，再将感光液均匀地涂布到版基表面，制成即涂或预涂感光树脂版，就可以再进行晒版了。或者将废印版交予废版回收厂家进行回收统一处理。

在制版或印刷过程中，应防止印版变形和版面结构的变化，尤其是在涂布感光液或加温烘烤时，应根据所用版基的使用特性，严格控制工艺温度和使用溶剂的浓度与酸碱性。在印版操作中，应避免用力过猛，防止印版裂口或断裂。

（2）印版的管理

1）储存。印版要避光保存在通风、阴凉、干燥的库房内，并将印版平放于搁架上，避免与酸、碱及有机溶剂等化学物品接触。

2）保管。对于存放在库房内的印版，要轻取轻放，避免碰撞、重压和擦伤，以防版面损伤。对于预涂感光版或即涂感光版，还要防止日光和紫外线的照射，以免引起暗反应而影响晒版质量。

四、喷粉

印刷喷粉是胶版印刷中不可缺少的工具，市面上销售的印刷喷粉主要是以纯植物性物质作为基础原料，常用的材料有面粉、玉米粉（粟粉）、植物淀粉、木薯粉等。其主要作用是防止印刷品在印刷过程中之印背粘脏加快干燥（图6-29）。

1. 喷粉的作用

在胶版印刷过程中，刚印刷完毕的印张往往不能立即干燥，而当印刷样张之间没有间隔时，收纸纸堆的下层印张表面未干燥的油墨印迹容易转移到上层印张背面，也就是"背面蹭脏"。在实际的印刷过程中，人们收纸时在印张表面均匀喷撒喷粉，增加了纸张之间的间隔，使氧气更容易扩散到纸堆内部，有利于油墨的干燥，从而有效避免了"背面蹭脏"的问题。

2. 喷粉的使用原则和方法

（1）根据纸张及其印刷图文的状况选择合适的喷粉。承印物越粗糙，应使用颗粒较大的喷粉；印刷油墨叠印色数越多，墨膜越厚，需要的喷粉量越大；非涂布纸类比涂布纸类更能吸附喷粉，因此可减少喷粉量。

（2）选择正确种类的喷粉。在多色印刷中，碳酸钙粉末沉积在橡皮布上，以灰尘方式像含沙的纸张一样作用于印版，因此会相对降低印版的使用寿命；对卡纸印刷而言，采用不同颗粒尺寸的碳酸钙粉剂很重要；对于采用玉米生产的淀粉，其颗粒极细，因此只适用于着墨量小于或等于$100g/m^2$的四色印刷；淀粉硬度没有碳酸钙粉高，因此印刷泊墨的耐摩擦力可以相对较低；印版受软性（植物）粉末摩擦的影响相对要小；颗粒较重的喷粉（碳酸钙类）要比轻质喷粉（淀粉质）更易到达纸张表面；喷粉种类与颗粒选择应根据印品用途以及后加工工序来决定。

（3）"按需喷粉、均匀喷粉、尽量减少喷粉量"的使用原则。在印刷中，应该考虑到喷粉对环境和人体健康的影响，尽量减少喷粉的使用量，有条件的企业还可以在印刷设备收纸端加装废粉集中收集装置，减少废粉的飘溢。在减少喷粉量方面，可从以下几个方面考虑：使用高品质的喷粉（泛用型，颗粒大小均匀一致）；使用合适的喷粉颗粒；尽可能选择大颗粒的喷粉；定期保养和正确设定平张胶印机上的喷粉器；尽可能选择较重的喷粉（碳酸钙）。

五、油墨清洁剂

油墨清洁剂，又称为洗车水（图6-30），用于彻底清洗印刷机的供墨单元上的油墨，是传统汽油煤油清洗剂的替代品。在选用合适的油墨清洁剂时，可从以下几个方面考虑：能否彻底溶解和清除橡皮布及墨辊上的油墨及杂质；是否不腐蚀和污染印刷机的供墨单元上的墨辊；能否快速挥发，并且残留量极低；是否无毒、不易燃、不含苯、使用安全，不损害人体健康。

（a）　　　　　　（b）

图6-29　喷粉

（a）　　　　　　（b）

图6-30　油墨清洁剂

课后练习

1. 什么是纸张的正度与大度？
2. 简述纵向纸与横向纸的特点。
3. 纸张的两面性与方向性是怎么形成的？
4. 油墨的颜色性能对印刷有怎样的影响？
5. 思考印刷中油墨的干燥为何是多种方式混合搭配的。
6. 思考在选用各种印刷物料时，成本、印刷质量、环境与健康该如何平衡。

第七章
印后加工

学习难度：★★★★☆
重点概念：印后加工、装订工艺、
模切成形、凹凸印刷

◂ 章节导读

　　随着时代的发展，生活质量的提高，人们对印刷品的要求也越来越高。在商品包装物的印后加工工艺技术方面，新材料和新技术的应用不仅提升了包装物的外在视觉美感，还大大提升了商品的附加值和市场竞争力。在引导人们消费观念的同时也极大的丰富了消费品市场，但随之产生了过度包装的现象，过度包装再激励印后加工技术开发的同时也在浪费人们宝贵的可利用资源。本章将对印后加工做出详细的介绍（图7-1）。

图7-1　印后加工

第一节　书刊装订工艺

　　将经过印刷的承印物，加工成人们所需要的形式或符合使用性能的生产过程，叫做印后加工。印后加工主要包括装订、印品的表面整饰。如书籍的装订，封面的上光覆膜，精装书的书壳安装制作，报纸的印后点数、折页、打包处理，包装印刷品的盒型成型、烫金、模切等工序。

　　印后加工工艺长期以来一直受到生产厂家的重视，也是每一个设计师必须予以关注的重要工序。印后加工技术是随着市场要求、技术发展、材料开发、工艺进步而不断变化的，因此设计师要保持与印刷厂家的密切联系，掌握印后加工技术变化的动态，这样才能使自己的设计作品经过印刷、印后加工的技术处理，达到最佳的视觉效果和触觉效果。

　　将印好的书页、书帖加工成册，或把单据、票据等整理配套，订成册本等印后加工，统称为装订。书刊的装订，包括订和装两大工序。订就是将书页订成

图7-2 简策装

图7-3 卷轴装

图7-4 经折装

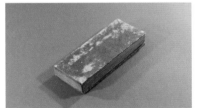

图7-5 旋风装

本，是书芯的加工，装是书籍封面的加工，就是装帧。

一、书刊装订工艺的演进

我国最早的书，是用皮带或绳子把写有文字的竹片、木片，连串成册，称为"简策"（图7-2）。简策十分笨重，不易阅读。后来人们把写有文字的丝绢，按照文章的长短裁开，卷成一卷，有的还在丝绢两端配上木轴，便出现了"卷轴装"的书（图7-3）。

纸张发明以后，把文字写在纸张上，按照一定的规格，向左右反复折叠成长方形的册子，将前后两页粘上硬纸或较厚的纸，作为封面和封底。这种装帧最初用于佛教经典，故叫经折装（图7-4）。

经折装的书籍，最前面的一页和最后面的一页是分开的，将经折装的首、末两页粘连在一起，翻开阅读有风吹来时，中间的纸页飞起，有如旋风，故名旋风装（图7-5），是中国宋、元时期流传的一种装订形式。

用经折装这种方法装帧的书籍，翻阅时间长了，折叠处断裂，书页散落。到了宋朝，开始采用浆糊粘连或用丝线穿订的方法来装订书籍，出现了蝴蝶装和包背装（图7-6、图7-7）。

蝴蝶装是将单面印刷的纸张对折，折缝后粘贴在预制的订口条上的一种装订形式，在翻阅时，印有图文的页面会形成一个完整的大页面，背面则为空白。

这种装订形式的好处在于印刷面展开后中间没有装订的痕迹，特别适合展示一些大的画面，反面空白也可印上一些其他内容，如说明文字等。这种盛行于公元12世纪的散页装订形式在今天仍被采用，如一些地图册和高档精致的大型画册都使用这种装订方法。

包背装的装订形式是将单面印好的书页白面向里对折，配页后再将其折缝对齐，并将折缝对面的纸边粘在供包背的纸上，再包上封面，就形成一本书。

和合装的装订形式的优点是可将内页或书心拆开调换（图7-8）。在封壳的里面与书脊连接的左右两边，各有一条供串线的部分，叫"书耳"，其高度与书心相同，使书壳与书心能借此连接在一起。

从明朝中期，开始有了线装书籍（图7-9）。线装书装订牢固、装帧美观、翻阅方便。这种装订形式是将单面印好的书页白面向里对折，将折缝对齐，切齐后用线按一定距离穿连，贴上签条，印上书根字，即完成装订。线装书的装订形式在今天的古籍出版物的装订中仍是一种经常被采用的装订形式。

清代以后，活字印刷逐渐代替了雕版印刷，印刷品的产量、品种不断增加，装订技术也得到了相应的发展，逐步从手工操作走向了机械

图7-6 蝴蝶装

图7-7 包背装

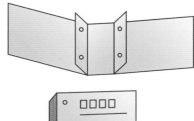

图7-8 和合装

图7-9 线装书

图7-10 平装书

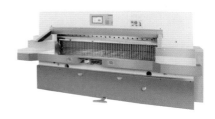

图7-11 切纸机

化。现在，除了为保留我国民族传统，制作少量珍贵版本书和仿古书籍采用线装外，主要的装订形式有平装和精装。装订的方法分为手工装订、半自动装订和使用联动机的全自动装订等。

二、平装书的装订工艺

平装是书籍常用的一种装订形式，以纸质软封面为特征（图7-10）。

手工和半自动装订工艺流程为：

撞页裁切—折页—配书帖—配书芯—订书—包封面—切书。从裁切到订书为书芯的加工。

1. 撞页裁切

印刷好的大幅面书页撞齐后，用单面切纸机裁切成符合要求的尺寸。裁切是在切纸机上进行的（图7-11）。切纸机按其裁刀的长短，分为全张和对开两种；按其自动化程度分为全自动切纸机、半自动切纸机。操作时，要注意安全，裁切的纸张、切口应光滑、整齐、不歪不斜、规格尺寸符合要求。

2. 折页

印刷好的大幅面书页，按照页码顺序和开本的大小，折叠成书帖的过程，称为折页。折页的方式，大致分为三种（图7-12）。

（1）平行折页法。折出的书贴折缝互相平行。适用于折叠较厚纸张的书页，如少儿读物、画册等。

（2）垂直交叉折页法。每折完一折时，必须将书页旋转90°角折下一折，书帖的折缝互相垂直。这种折页形式，操作方便，折数与页数有一定关系。

（3）混合折页法。在同一书帖中的折缝，既有平行，又有垂直的折页方式来混合折页法。用机器折成的书帖大部分是这种形式。目前，我国的印刷厂，大部分采用机械折页。折页机分为刀式折页机、栅栏式折页机和栅刀混合式折页机，有全张和对开两种。

1）刀式折页机。是采用折刀将纸张压入旋转着的两个折页辊的横缝里，通过两个辊与纸张之间的摩擦力来完成折页过程。这种折页机可以折全张的印张，折页精度高，但占地面积大（图7-13）。

2）栅栏式折页机。是使运动的纸张，通过折页辊沿着栅栏往前运动，直至挡板，在折面辊的摩擦作用下，纸张被弯曲折叠。这种折页机，折页速度快，占地面积小，但不适合折幅面大、薄而软的纸张（图7-14、图7-15）。

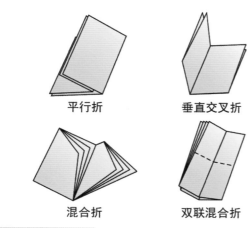

图7-12　折页的方式

平行折　　　　　垂直交叉折

混合折　　　　　双联混合折

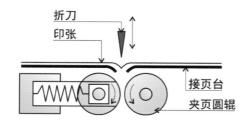

图7-13　刀式折页机折页原理图

折刀
印张
接页台
夹页圆辊

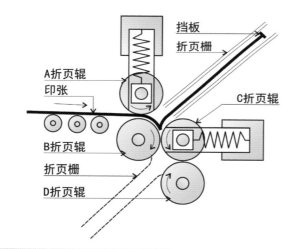

图7-14　栅栏式折页机工作原理

挡板
折页栅
A折页辊
印张
C折页辊
B折页辊
折页栅
D折页辊

图7-15　栅栏式折页机外观

3）栅刀混合式折页机。是由刀式和栅栏式组合而成，称为栅刀混合式折页机。这种折页机的折页速度比刀式折页机快。此外，书刊卷筒纸印刷机，一般都会设有折页装置。

3. 配书帖

把零页或插页按页码顺序套入或粘在某一书帖中。

4. 配书芯

把整本书的书帖按顺序配集成册的过程叫配书芯，也叫排书。有套帖法和配帖法两种。

（1）套帖法。将一个书帖按页码顺序套在另一个书帖里面或外面，形成两帖厚而只有一个帖脊的书芯。该法适合于帖数较少的期刊、杂志。

（2）配帖法。将各个书帖按页码顺序，一帖一帖地叠擞在一起，成为一本书刊的书芯，供订本后包封面。该法常用于平装书或精装书。配帖可用手工，也可以用机械进行。手工配帖，劳动强度大、效率低，还只能小批量生产，因此，现在主要利用配帖机完成配帖的操作。配帖机的工作原理是，将书帖按顺序放在传送带上，依次重叠，完成书芯的配帖（图7-16、图7-17）。

为了防止配帖出差错，印刷时，每一印张的帖脊处，印上一个被称为折标的小方块。配帖以后的书芯，在书背处形成阶梯状的标记，检查时，只要发现梯挡不成顺序，即可发现并纠正配帖的错误（图7-18）。

将配好的书帖（一般叫毛本）撞齐、扎捆，除了锁线订以外，在毛本的背脊上刷一层稀薄的胶水或浆糊，干燥后一本本地批开，以防书帖散落，然后进行订书。

5. 订书

把书芯的各个书帖，运用各种方法牢固地连结起来，这一工艺过程称为订书。常用的方法有骑马订、铁丝钉、锁线订、胶粘订等四种。

（1）骑马订。用骑马订书机，将套帖配好的书芯连同封面一起，在书脊上用两个铁丝扣订牢成为书刊。采用骑马订的书不宜太厚，而且多帖书必须套合成一整帖才能装订（图7-19、图7-20）。

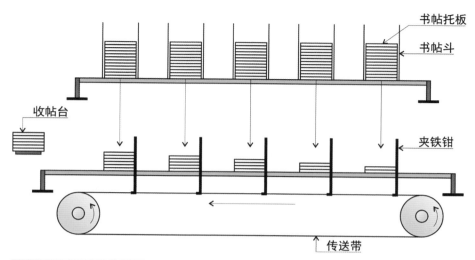

书帖托板

书帖斗

收帖台

夹铁钳

传送带

图7-16　配帖机工作原理

DX-70 Plus

图7-17　配帖机外观

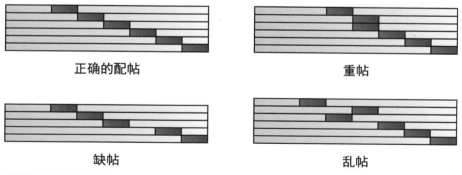

正确的配帖

重帖

缺帖

乱帖

图7-18　书脊的梯挡

图7-19　骑马订期刊

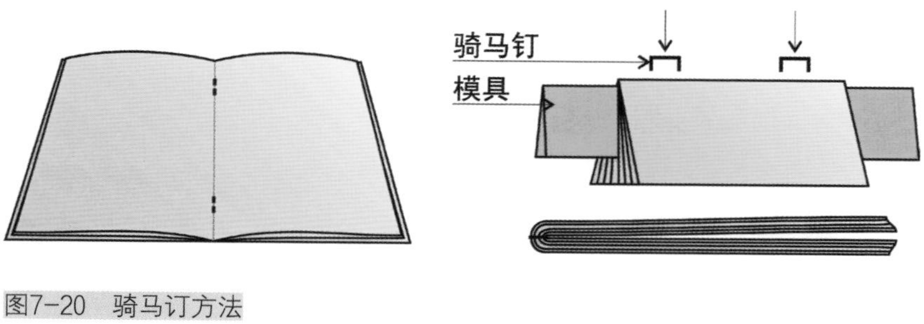

图7-20　骑马订方法

骑马钉

模具

（2）铁丝平订。用铁丝订书机，将铁丝穿过书芯的订口，称为铁丝平订。铁丝平订，生产效率高，但铁丝受潮易产生黄色锈斑，影响书刊的美观，还会造成书页的破损、脱落，适合订100页以下的书刊（图7-21）。

（3）锁线订。将配好的书帖，按照顺序用线一帖一帖的串联起来，称为锁线订（图7-22）。常用锁线机进行锁线订。锁线订有平锁两种方式。锁线订可以订任何厚度的书，牢固、翻阅方便，但订书的速度较慢。

（4）胶粘订。用胶粘剂将书帖或书页粘合在一起制成书芯。一般是把书帖配好页码，在书脊上锯成槽或铣毛打成单张，经撞齐后用胶粘剂将书帖粘结牢固。胶粘订的书芯，可用于平装，也可以用于精装（图7-23）。

（5）塑料线烫帖粘订。塑料线烫帖粘订，是在每帖书页的折缝处将塑料线像骑马订一样穿过，两只订脚朝外加热熔融并与书帖沿折缝黏合，书帖与书帖之间刷胶、贴纱布黏合形成书心，经过二次刷胶、包封面等工序成型（图7-24）。这种工艺综合了骑马订、锁线订、无线胶订三种工艺的主要特点，具有书籍能摊开、装订牢固的特点，但最重要的一点是，这种装订方法能多道工序联动作业，形成顺畅的流水线生产。

（6）缝纫订。使用专用缝纫机加工，操作简便，装订部位类似铁丝平订，但没有铁丝订生锈的缺点（图7-25）。这种装订方式与铁丝平订存在相似的问题，即书籍展开不便，不适应装过厚的页码，不能联机操作，在工序上不能形成流水作业，其功效也较低。

（7）活页装。是一种简易的装订形式，适用于页码不多或者内容需要补充或更换的出版物，常见的形式有在装订口处打眼穿孔，用塑料或金属丝圈将书页连接。翻阅时能完全展开摊平，诸如一些产品目录、摄影集、台历、月历和样本设计等时常采用（图7-26）。

6. 包封面

通过折页、配帖、订合等工序加工成的书芯，包上封面后，便成为平装书籍的毛本。包封面也叫包本或裹皮。手工包封面的过程是：折封面、书脊背刷胶、粘贴封面、包封面、抚平等。现在除畸形开本书

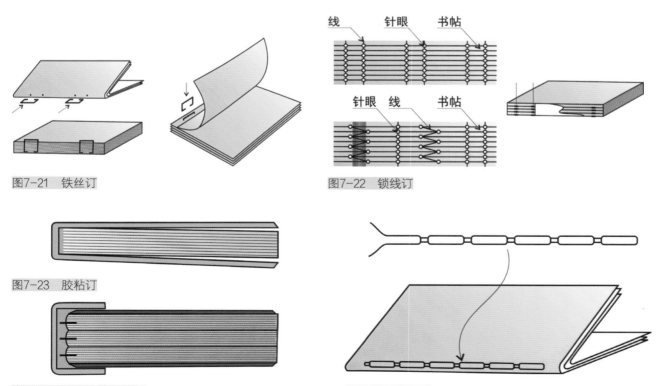

图7-21　铁丝订

图7-22　锁线订

图7-23　胶粘订

图7-24　塑料线烫帖粘订

图7-25　缝纫订

外，很少采用手工包封面。

机械包封面，使用的是包封机，有长式包封机和圆式包封机。机械包封机的工作过程是：将书芯背朝下放入存书槽内，随着机器的转动，书芯背通过胶水槽的上方，浸在胶水中的圆轮，把胶水涂在书芯脊背部、靠近书脊的第一页和最后一页的订口边缘上。涂上胶水的书芯，随着机器的转动，来到包封面的部位，最上面一张封面被粘贴在书脊背上，然后集中放入烘背机里加压、烘干，使书背平整。

平装书籍的封面应包得牢固、平服，书背上的文字应居于书背的正中直线位置，不能斜歪，封面应清洁、无破损、折角等。

7. 切书

把经过加压烘干、书背平整的毛本书，用切书机将天头、地脚、切口按照开本规格尺寸裁切整齐，使毛本变成光本，成为可阅读的书籍（图7-27）。

切书一般在三面切书机上进行。三面切书机是裁切各种书籍、杂志的专用机械。三面切书机上有三把钢刀，它们之间的位置可按书刊开本尺寸进行调节。书刊切好后，逐本检查，防止不符合质量要求的书刊出厂（图7-28）。

8. 平装联动机

为了加快装订速度、提高装订质量，避免各工序间半成品的堆放和搬运，采用平装联动机订书。

（1）骑马装订联动机。也称为三联机。它由滚筒式配页机、订书机和三面切书机组合而成。能够自动完成套帖、封面折和搭、订书、三面切书累积计数后输出，配备有自动检测质量的装置。骑马装订联动机的生产效率高，适合于装订64页以下的薄本书籍，如期刊、杂志、练习本等。但是，书帖只依靠两个铁丝扣连结，因而牢固度差。

（2）胶粘订联动机。能够连续完成配页、撞齐、铣背、锯槽、打毛、刷胶、粘纱布、包封面、刮背成型、切书等工序。有的用热熔胶粘合，有的用冷胶粘合。自动化程度很高，每小时装订数量高达7000册，有的还要多。

三、精装书的装订工艺

精装书的封面、封底一般采用丝织品、漆布、人造革、皮革或纸张等材料，粘贴在硬纸板表面作成书壳（图7-29）。按照封面的加工方式，分有书脊槽和无书脊槽书壳。书芯的书背可加工成硬背、腔背和柔背等，造型美观、坚固耐用（图7-30）。

精装书的装订工艺流程为：芯的制作—书壳的制作—上书壳。

图7-26　活页装

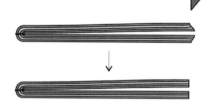

图7-27　切书

图7-28　切书机

图7-29　精装书

1. 书芯的制作

书芯制作的前一部分和平装书装订工艺相同，包括裁切、折页、配页、锁线与切书等。在完成上述工作之后，就要进行精装书芯特有的加工过程。书芯为圆背有脊形式，可在平装书芯的基础上，经过压平、刷胶、干燥、裁切、扒圆、起脊、刷胶、粘纱布、再刷胶、粘堵头布、粘书脊纸、干燥等完成精装书芯的加工。书芯为方背无脊形式，就不需要扒圆。书芯为圆背无脊形式，就不需要起脊。

（1）压平。是在专用的压书机上进行，使书芯结实、平服，提高书籍的装订质量。

（2）刷胶。用手工或机械刷胶，使书芯达到基本定型，在下道工序加工时，书帖不发生相互移动。

（3）裁切。对刷胶基本干燥的书芯，进行裁切，成为光本书芯。

（4）扒圆。由人工或机械，把书脊背脊部分，处理成圆弧形的工艺过程，叫做扒圆。扒圆以后，整本书的书帖能互相错开，便于翻阅，提高了书芯的牢固程度。

（5）起脊。由人工或机械，把书芯用夹板夹紧夹实，在书芯正反两面，接近书脊与环衬连线的边缘处，压出一条凹痕，使书脊略向外鼓起的工序，称为起脊，这样可防止扒圆后的书芯回圆变形（图7-31）。

（6）书脊的加工。加工的内容包括：刷胶、粘书签带、贴纱布、贴堵头布，贴书脊纸。贴纱布能够增加书芯的联结强度和书芯与书壳的联结强度（图7-32）。堵头布贴在书芯背脊的天头和地脚两端，使书帖之间紧紧相连，不仅增加了书籍装订的牢固性，又使书变得美观。书脊纸必须贴在书芯背脊中间，不能起皱、起泡。

2. 书壳的制作

书壳是精装书的封面。书壳的材料应有一定的强度和耐磨性，并具有装饰的作用。

用一整块面料，将封面、封底和背脊连在一起制成的书壳，称为整料书壳。封面、封底用同一面料，而背脊用另一块面料制成的书壳，称为配料书壳。

作书壳时，先按规定尺寸裁切封面材料并刷胶，然后再将前封、后封的纸板压实、定位（称为摆壳），包好边缘和四角，进行压平即完成书壳的制作。由于手工操作效率低，现改用机械制书壳。

制作好的书壳，在前后封以及书背上，压印书名

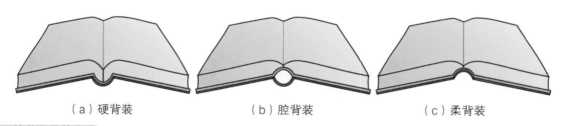

（a）硬背装　　　　　　（b）腔背装　　　　　　（c）柔背装

图7-30　精装书芯的书背

图7-31　起脊

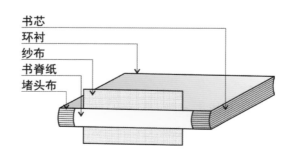

书芯
环衬
纱布
书脊纸
堵头布

图7-32　书脊的加工

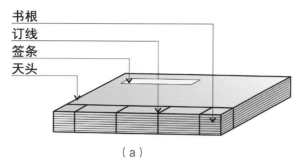

（a）

图7-33 线装书

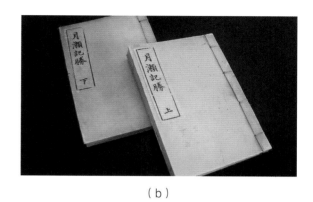

（b）

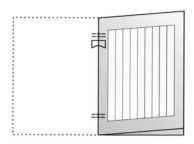

图7-34 鱼尾标记和折页

和图案等。为了适应书背的圆弧形状，书壳整饰完以后，还需进行扒圆。

3. 上书壳

把书壳和书芯连在一起的工艺过程，称为上书壳，也叫套壳。

上书壳的方法是：先在书芯的一面衬页上，涂上胶水，按一定位置放在书壳上，使书芯与书壳一面先粘牢固，再按此方法把书芯的另一面衬页也平整地粘在书壳上，整个书芯与书壳就牢固地连结在一起了。最后用压线起脊机在书的前后边缘各压出一道凹槽，加压、烘干，使书籍更加平整、定型。如果有护封，则包上护封即可出厂。

豪华装也称为艺术装。豪华装的书籍类似精装，但用料比精装更高级，外形更华丽，艺术感更强。一般用于高级画册、保存价值较高的书籍。主要用手工操作完成。

四、线装书的装订工艺

线装书是用线把书页连封面装订成册，订线露在外面的装订方式（图7-33）。线装书加工精致，造型美观，具有我国独特的民族风格。线装书全用手工装订，工艺流程为：理纸开料—折页—配页—散作齐栏—打眼—串纸钉—粘面贴签条—切书—串线订书—印书根。

1. 理纸和开料

线装书所用纸质软而薄，理纸困难。因此，将印张理齐，再按照折页的方法进行裁切。

2. 折页

线装书的书页，一面印有图文，一面是空白，书页对折后图文在外，占2个页码。有的书页在折缝印有"鱼尾"标记，折页时将鱼尾标记折叠居中，版框也就对准了（图7-34）。

3. 配页

先把页码理齐，然后逐帖配齐。配页时，一边配页，一边毛查，防止多帖、漏帖、错帖现象发生。

4. 散作、齐栏

将书页逐张理齐，使书页达到齐正的工艺操作，称为"散作"。逐张拉齐栏脚的过程称为"齐栏"。

5. 打眼

线装书要打两次眼。第一次在书芯打2个纸钉眼，用来串纸钉定位。第二次是打线眼，是书芯与封面配好，并粘牢，再经三面裁切成光本书后，打四个或六个眼（图7-35）。

6. 串纸钉

串纸钉是线装书装订的特有工序。纸钉用长方形的连史纸切去一角制成。纸钉穿进纸眼后，纸钉弹

图7-35　打眼

图7-36　串线订

开，塞满针眼，达到使散页定位的目的。串纸钉时，纸钉的头与尾需露在书芯的外面并且要摊平。

7. 粘面、贴签条

线装书的封面、封底是由两张或三张连史纸裱制而成。粘面时，先把少量的胶粘液涂在纸钉的头尾部分，然后将封面、封底粘在正确的位置上。

线装书的封面，一般为水青色或玉青色，封面的左上角贴有印好书名的签条，签条的设计及粘贴的位置，对书籍的造型有一定的影响。

8. 切书

一部由多册组成的书，将各册依次配成整部，再利用三面切书机裁切成为光本，这样就减少了整部书的裁切误差。

9. 串线订

线装书的串线方式繁多。使用最多的是丝线，其次是锦纶线。订好的书，要求平整、结实、线结不能外露，应放在针眼里（图7-36）。

10. 印书根

在书籍的地脚切口部分印书名、卷次和册数字样，以便于查找。

－ 补充要点 －

书脊厚度的计算

1. 胶装书脊位

书脊位＝（内页P数/2）×内页所用纸张厚度

2. 精装书脊位

书脊位＝书心厚度+（纸板厚度×2）

3. 护封的计算

护封＝精装书脊位+（勒口×2）+（书宽×2）+（出血×2）

4. 精装书壳皮壳面料的计算

长＝书心（长度）×2＋压槽位（11mm×2）＋飘口（3mm×2）＋（板纸厚度×2）＋色边位（最少15mm×2）＋精装书脊位

高＝书心（高度）＋色边位（最少15mm×2）＋（板纸厚度×2）＋飘口（3mm×2）

精装（飘口3mm）里边7mm包口20～30mm 出血6mm

书籍封面各部分尺寸组成与书册内页基本结构如下（图7-37、图7-38）。

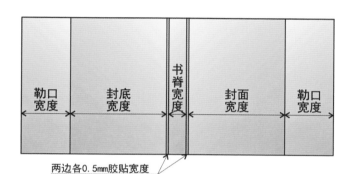

图7-37　书籍封面各部分尺寸组成

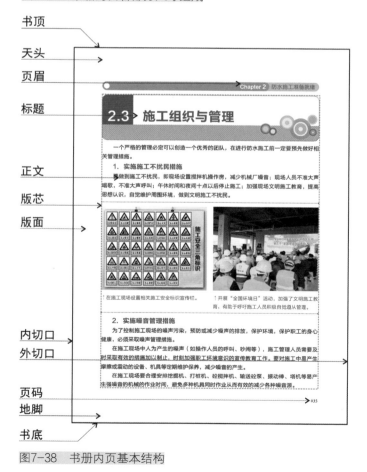

图7-38　书册内页基本结构

第二节　表面装饰加工

在书籍封皮或其他印刷品上，进行上光、覆膜、烫箔、模切、压痕或其他加工处理，称为表面整饰。表面整饰加工，不仅提高了印刷的艺术效果，而且具有保护印刷品的作用。

一、上光

在印刷品表面涂上（或喷、印）一层无色透明涂料，干后起保护及增加印刷品光泽的作用，这一加工过程称为上光。一般书籍封面、插图、挂历、商标装潢等印刷品的表面要进行上光处理（图7-39）。

1. 上光涂料

上光涂料的种类较多，有氧化聚合型上光涂料、溶剂挥发型上光涂料、热固化型上光涂料和光固化型上光涂料等（图7-40）。

2. 上光工艺

印刷品的上光，一般包括上光涂料的涂布和压光。

（1）上光涂料的涂布。采用的方式有：喷刷涂布，印刷涂布和上光涂布机涂布等三种主要方式。

1）喷刷涂布。均为手工操作，虽然速度慢、涂布质量差，但灵活性强，适用于表面粗糙或凹凸不平的印刷品（瓦楞纸）或包装容器等异形印刷品。

2）印刷涂布。通常用印刷机涂布，将上光料，贮存在印刷机的墨斗中，采用实地印版，按照上光印刷品的要求，印刷一次或多次上光涂料。印刷涂布上光，不需要购置新设备，一机两用，适合于中、小型印刷厂上光涂布加工。

3）专用上光机涂布。是目前应用最普遍的方法，上光涂布机由印刷品传输机构、干燥机构以及机械传动、电器控制等部分组成。适用于各种类型上光涂料的涂布加工，能够精确地控制涂布量，涂布质量稳定，适合各种档次印刷品的上光涂布加工。

局部图形或书名加以高光处理，使设计主题更加突出，工艺上往往是先在整个封面的表面覆盖一层胶膜，然后在膜上局部印上UV光油，使图形、字体与底色形成质感上的对比。

（2）压光。利用压光机压光，改变干燥后的上光涂层表面状态，使其形成理想的镜面，这一过程叫做压光，许多精细的印刷品，上光涂布后，需要进行压光处理。

压光机通常为连续滚压式，由输送机械、机械传动、电器控制等部分组成。印刷品由输纸台输入加热辊和加压辊之间的压光带，在温度和压力的作用下，涂层贴附在压光带表面被压光。压光后的涂料层逐渐冷却后，形成一光亮的表面层。压光带由特殊抛光处理的不锈钢制成，采用电气液压式调压系统来调节加压辊的压力，可满足各类印刷品的压光要求。

二、覆膜

将聚丙烯等塑料薄膜，覆盖于印刷品表面，并采用粘合剂经加热、加压使之粘合在一起的加工过程叫做覆膜。高光覆膜手感光滑、色彩鲜明，达到华丽、引人注目的效果（图7-41）。

覆膜工艺，分为预涂覆膜和即涂覆膜两种。预涂覆膜工艺是将粘合剂预先涂布在塑料薄膜上，经烘干、收卷，作为产品出售。覆膜加工部门，在无粘合

图7-39　上光后的印刷品

剂涂布装置的覆膜设备上进行热压，便可完成印刷品的覆膜。该工艺简化了覆膜加工的操作，无环境污染，覆膜质量高，因而有广阔的应用前景。预涂覆膜工艺在国内尚处于探索阶段（图7-42）。

即涂覆膜的工艺流程为：覆膜准备—放卷—涂粘合剂—烘干—复合—复卷。

三、烫箔

以金属箔或颜料箔，通过热压，转移到印刷品或其它物品表面上的加工工艺，叫做烫箔，俗称烫金，其目的是增进装饰效果（图7-43）。

烫金一般使用立式平压平烫印机，其结构类似于平压平凸版印刷机（图7-44）。烫金的印版是1.5mm以上的铜版或锌版，图文与空白的高低之差尽可能拉大。印版应粘贴或固定在烫印机的底板上，底板通过电热板受热，并将热量传给印版进行烫印。

在设计中，客户常常要求用到金色和银色印刷，由于金色和银色不能由四色印色来实现，故其印刷和技术都有特殊的要求（图7-45、图7-46）。印刷时，金色和银色是按专色来处理的，即用金墨和银墨来印刷，故其菲林也应是专色菲林，单独出一张菲林片，并单独晒版印刷。

在计算机设计时，应定义一种颜色来表示金色和银色，并定义其颜色类型为专色就可满足设计的要求。由于金银和银色是不透明的，故设计时可以对金、银色内容设定为压印。

四、模切、压痕

模切是把钢刀片排成模（或用钢板雕刻成模）、框，在模切机上把纸片、印刷品轧切成一定形状的工序（图7-47）。用普通切纸机无法裁切成圆弧或其它复杂外形的印刷品都需要进行模切。压痕是利

图7-40 上光涂料

图7-41 覆膜后的印刷品

图7-42 覆膜工艺

图7-43 烫箔

图7-44 立式平压平烫印机

图7-45　烫金

图7-46　烫银

图7-47　模切

用钢线，通过压印，在纸片或印刷品上压出痕迹，或留下供弯折的槽痕（图7-48）。

用于包装装潢印刷的高速凹印机、柔性版印刷机和标签印刷机，附设有滚筒模切装置，一般采用滚动模切方式，对印刷品进行模切、压痕，大大地提高了生产效率。纸片，印刷品经过模切、压痕加工后，可以制成各种形状的容器或盒子。

五、凹凸印刷

凹凸印刷是印刷品表面装饰加工中的一种特殊的加工技术，是一种不用印刷油墨的压印方法。它使用凹凸模具，在一定的压力作用下，使印刷品基材发生塑性变形（即浮雕状凹凸图文），从而对印刷品表面进行艺术加工。这种方法多用于印刷品和纸容器的印后加工，如商标、烟包、纸盒、贺年卡、瓶签等的装潢（图7-49）。

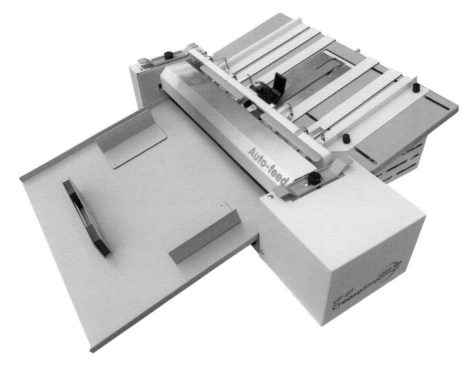

图7-48 压痕机

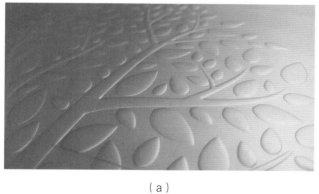

（a）

（b）

图7-49 凹凸印刷

课后练习

1. 什么是印后加工？

2. 印后加工对印刷工艺有什么意义？

3. 平装书的折页有哪些方法，各有什么特点？

4. 简述线装书的工艺流程。

5. 思考线装书为什么没能成为当今书籍印刷行业的主要装订形式。

6. 以小组为单位，收集材料，完成1本线装书的装订。

第八章
印刷质量检测与评价

学习难度：★ ★ ★ ★ ☆
重点概念：印刷质量、主观评价、
客观评价、质量检测

≺ 章节导读

在生产过程中，印刷操作人员必须在既定的纸张、油墨和印版条件下对印刷进行掌控和调节，优化印刷过程，生产出与合格打样样张或原稿相匹配的，在阶调复制、颜色复制、套准正确等方面保持稳定的一批产品。但在实际印刷中，影响最终印刷成品质量的因素非常多，所以为了达到产品视觉效果的优化和稳定性，必须测量和控制对产品的视觉特征有最大影响的印刷质量特征。本章将对印刷质量的检测与评价做出详细的介绍（图8-1）。

图8-1　印刷品的质量评价

第一节　印刷质量评价

一、概述

印刷质量评价是指印刷图案对原稿还原的逼真程度，包括印刷品对原稿或（签样）的接近程度、同一批印刷品之间的一致性程度。文字印刷质量主要体现在文字图像的密度是否较高、有没有笔画变形现象、边缘清晰程度、有没有字符破损、白点和多余墨痕等。实地印刷质量主要体现在颜色接近原稿程度、墨色均匀和厚实程度、有没有背面蹭脏现象。网目调图像印刷质量主要体现在阶调的再现、整体色调与色彩的再现、图像的清晰度和各项表观质量。

二、评价印刷质量的方法

评价印刷品的方法包括主观评价、客观评价以及综合评价等几方面。

1. 主观评价

印刷图像的主观评价是一种根据经验评价图像质量优劣的方法。主观评价法常用的有目视评价法和定性指标评价法。目视评价法是指在相同的评价环境条件下（如光源、照度一致）由多个有经验的管理人员，技术人员和用户来观察原稿和印刷品，再以各人的经验，情绪及爱好为依据，对各个印刷品按优，良，中，差分等级，并统计各分级的频度，获得一致好评者为优、良，反之为差。定性指标评价法是指按一定的定性指标，并列出每个指标对质量影响的重要因素，由多个有经验的评定人评分，总分高者质量为优，低者为差（表8-1）。

表8-1 主观评价的优缺点

优点	缺点
方便快捷，基本上不需要仪器设备，胶印印刷过程中能快速检查到质量问题并对印刷状况进行调整	受光源、环境条件以及评价者的精神状态和个人素质的影响
印刷品始终是给人看的，而大多数人的目检印象具有较高的一致性	
由于印刷材料与工艺的限制，印刷品的阶调反差往往比原稿小，其色域也不一定与原稿重合，此外一些原稿由于自身存在着某些阶调与色彩上的不足，这时复制过程中往往需要做阶调压缩并调整层次分配，实现最好的印刷效果，这种调整后的复制使得客观评价难以进行	主观评价的结果无法量化表达，可重复性差
在某些方面，人的视觉灵敏度还要大于某些仪器的灵敏度，比如人眼对亮调部位的明暗感觉	

2. 客观评价

客观评价法是以测定印刷品的物理特性为中心，通过仪器或工具对印刷品做定量分析。结合印刷质量标准做出客观评价。现已有一些印刷企业将这种评价方法贯穿在工艺设计和生产过程中，对印刷质量加以随机自动控制。如在制版过程中的电子预打样，晒版过程中的版材测试检版装置，印刷过程中的给水，给墨遥控装置（图8-2）。

其优点有：操作者目的性明确，质量和责任分明，避免工序间因质量问题相互推诿；可以用定量数据来反映印刷品的各种质量特性，特别是工序系列化的随机控制，更能稳定印刷质量；有利于各种故障的分析和经验的总结；促进质量管理规范化。

在印刷业中，测量色彩主要有分光光度测定法、色度测定法和光密度测定法三种方法。分光光度测定法可以产生最高级别的色彩信息，其对色彩的测量最精确，通过测定光谱反射率曲线可以确定不同颜色空间内的色度值、色差值、密度值、网点面积等；光密度测定法测量的是印刷品对光的反射程度或者是胶片

（a）

（b）

图8-2 客观评价

透射光的程度，本质上是不能辨色的，但是通过换算可以确定网点面积；色度仪在不同色彩空间内通过测量数值来确定颜色，测定不同颜色之间的色差，但是它不测量密度值或网点面积。

3. 综合评价

综合评价法是以客观评价的手段为基础加上主观评价和各种因素相验证的方法，也是主观的心理印象与客观的数据分析相结合，进而使评价标准更加科学的一种评价方式。其重点是在还原原稿的基础上，求出构成图像的各种物理量的质量特性。从而把这些测试数据加以综合、确认，使之变成控制印刷质量的依据。

第二节　质量检测常用工具和仪器

一、密度仪

印刷中密度一般指"光学密度"，反映光线与物体相互作用过程发生的反射、透射、选择性吸收等物理现象。可定义为表面吸收入射光的比例，吸收光量大，密度就高；吸收光量小，密度就低。因此印刷密度可用印刷油墨中反射的光所占百分比来表示。通过测量样品中反射回来的光量，然后将其与参考标准或承印物在特定光源照射下的反射情况进行比较，从而计算出密度值的测量仪器叫密度仪。密度仪主要由光源、光孔、光学成像透镜、滤色片、光电转换器件（"接收器"/"探测器"）、模数转换器、信号处理和计算部件、显示部件等构成（图8-3）。

1. 密度仪的工作原理

先由光源在45°照射到样品上，然后在垂直方向测量，有些仪器刚好相反。样品上透过的或反射的光线经过光孔进入密度仪内，然后光线经光学透镜成像到达滤色片（红/绿/蓝/视觉校正），透过某种滤色片的光线经过光电转换器件变成模拟电信号，经过模/数转换得到的数字信号经过运算获得密度数据，最终在显示屏上显示。

墨层厚度与光反射之间是有联系的。墨层越厚，吸收的光就越多，反射的光就越少，印刷品看起来就越暗，视觉密度就大；反之，墨层越薄，吸收的光就越少，反射的光就越多，印刷品看起来就越亮，视觉

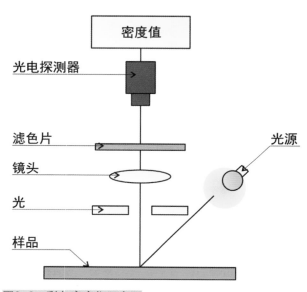

图8-3　彩色密度仪示意图

密度就小（图8-4）。

2. 密度计测量色彩的优点

（1）有了密度标准，通过测量，可以有效控制密度的深浅变化，保证墨色深浅的一致性和稳定性，保证打样及印刷生产质量。

（2）在对墨色深浅进行判断时，色彩受人们视觉主观的影响很大，每个人对颜色的感受不同，而密度计测量可提供一个客观的分析，克服因人而异的弊病，统一标准。

（3）光源和环境对视觉测色影响极大，而用密度计测量，则不受环境影响。

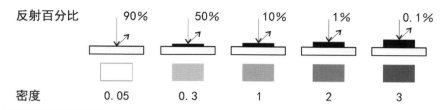

图8-4 光的反射率、墨层厚度与密度之间的关系

（4）打样、印刷制定质量标准，采用密度计进行数据化管理，可以为不同地区、不同厂家的印刷作业人员监控生产过程，达到墨色深浅一致的效果。

（5）便于建立颜色档案。在进行印刷质量管理时，样张在保存一段时间后，颜色会出现褪色的情况，从而导致再次每批印刷颜色不一致的情况，而通过密度计测量色彩后，可对颜色进行实现数据化管理，从而保证了印刷质量。

二、分光光度仪

在测量物体的反射率或透射率随波长变化的情况时，通常会用到一种叫做分光光度仪（光谱色度仪）的仪器，其可以提供一个完整的光谱反射率曲线。分光光度仪有很多用途，这里仅介绍可见光范围的分光光度仪。分光光度仪由光源、单色器（如分光棱镜、衍射光栅、干涉滤色片等）、光电探测器和数据处理与输出几部分构成（图8-5）。

分光光度仪的光路设计有两种形式，第一种在使用分光光度仪测量时首先由光源发出足够强的连续光谱，先后照在标准样品和待测样品上，经单色器光分解为按波长分布的等间隔（如$\Delta\lambda=5$、10nm）的单色光，由光电探测器接收并转换为相应的电信号，然后由数据处理部分计算二者的比值进行输出。另一种光路是相反光路设计，光源发出的光先经单色器输出成不同波长的单色光，

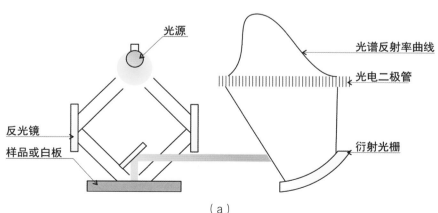

（a）

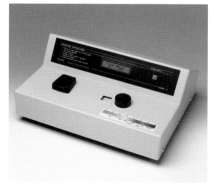

（b）

图8-5 分光光度仪

三刺激值

三刺激值（tristimulus values）是引起人体视网膜对某种颜色感觉的三种原色的刺激程度之量的表示。从实际光谱中选定的红、绿、蓝三原色光不可能调，CIE于1931年从理论上假设了并不存在于自然界的三种原色，即理论三原色，以X，Y，Z表示，用X（红原色刺激量）、Y（绿原色刺激量）和Z（蓝原色刺激量）表示。这三种理论原色的刺激量以X，Y，Z表示之，即所谓的三刺激值。

根据杨-亥姆霍兹的三原色理论，色的感觉是由于三种原色光刺激的综合结果。在红、绿、蓝三原色系统中，红、绿、蓝的刺激量分别以R、G、B表示之。由于从实际光谱中选定的红、绿、蓝三原色光不可能调（匹）配出存在于自然界的所有色彩，以期从理论上来调（匹）配一切色彩。形成了XYZ测色系统。X原色相当于饱和度比光谱红还要高的红紫，Y原色相当于饱和度比520nm的光谱绿还要高的绿，Z原色相当于饱和度比477nm的光谱蓝还要高的蓝。

将单色光同时（将光束一分为二）或先后照射到待测样品及标准样品上，然后用光电探测器接收其反射（或透射）的光能并转变为电能，从而记录和比较光通量的大小，得出样品的光谱反射比（或透射比）。两种设计测量效果相近，各有优缺点。分光光度仪通过测量反射物体的光谱反射率和透射物体的光谱透射率来测量颜色，如果选择了标准照明体和标准观察者数据，就可以算出相应条件下的三刺激值。

在测量时，根据反射与透射的区别，选择的标准样品也不同，测量透射样品时所选用的标准样品通常为空气，因为空气在整个可见光谱范围内的透射比均为1（100%）。测量反射样品时应该用完全反射体（可见光谱范围内的反射比均为1）作为标准，但实际上全漫反物体并不存在，所以只能使用白陶瓷板、MgO、$BaSO_4$等高反射率材料来替代。

分光光度仪是一种高精度的测量仪器，其测量的准确度主要取决于单色器的精度和对不同波长单色光的标定，即对单色光的分辨力。单色器能够分解的波长范围越细，则仪器的测量精度越高，反之精度越低。通常测量颜色时，要求单色光的间隔为10nm即可，因为绝大部分颜色样品的光谱分布都不会有突变。而在测量有荧光的物体时，则要求更细小的间隔（如5nm），因为通常荧光的发射光谱带很窄，波长间隔太大会丢掉细小的光谱辐射的变化信息。

分光光度仪测色精度高，但仪器结构复杂，价格昂贵，一般用于颜色的精密测量和理论研究之用。但近年来市场上也出现了一些体积小、价格低的分光测色仪器，如美国的X-Rite公司和Gretag-Macbeth公司、德国的Techkon公司的产品，它们已经很广泛地应用于印刷行业，作为颜色控制、色彩管理的工具，发挥了非常重要的作用（图8-6、图8-7）。

除了分光光度仪之外还有另外一种仪器也可以实现CIEXYZ色度值的测量。该测量仪器类似于密度仪。它利用滤色片来度量样本的反射光线。该仪器使用的滤色片的光谱敏感性与CIE色彩匹配函数的光谱敏感性很接近，使用该仪器测量可以直接得出样品的三刺激值，此类仪器叫色度仪。色度仪不能提供光谱反射率曲线。色度仪相对于分光光度仪的精度稍低。

图8-6　X-Rite公司的分光测色仪器

图8-7　Techkon公司的分光测色仪器

第三节　质量检测中的计算指标

一、灰平衡

在一定的印刷适性下，黄、品、青三原色从浅到深按一定网点比例组合叠印获得不同亮度的中性灰叫灰平衡。由于印刷品上的颜色千变万化，不可能对每一种颜色都进行检查和控制，而用中性灰就很容易判断颜色有没有得到正确复制。如果原稿中的中性灰复制后仍然保持中性灰色，则表明印刷品和原稿之间相对应点的色彩得到了正确复制，否则表明印刷品出现了整体偏色的情况。可见，灰平衡是正确复制颜色的基础，只有能正确地复制出各阶调的灰色，才能正确地复制其他颜色，若灰平衡出现偏差，整幅图片就偏色。灰平衡是分色、制版、打样和印刷的质量基础，是各工序数据化控制的核心，在印刷复制中占重要地位。目前市场上已经有了帮助灰平衡检测的工具（图8-8）。

1. 胶印实现灰平衡的方法

（1）印前阶段

1）根据已确定后工序生产条件（纸张油墨的印刷适性、叠印率、晒版条件等），制作灰平衡曲线，再根据灰平衡曲线对原稿进行分色加网（图8-9）。这种方法能提供较准确的灰平衡数据，但由于要制作专用色谱，因此比较麻烦。实际生产中往往凭经验估算Y、M、C三原色的网点比例。

2）保证标准的晒版条件。控制亮调和暗调网点的再现情况，及中间调网点转移特性的稳定性。

（2）印刷阶段。在印刷过程中达到灰平衡，在分色、晒版符合标准的前提下，可从以下几个方面考虑：应该使用先前规定的三原色油墨和纸张，稳定的印刷材料适性条件；确定的印刷色序，色序不同，印刷过程中叠印率和网点增大不同，原来的分色灰平衡曲线就失去根据；确定的实地密度，这是控制暗调的重要指标；确定亮调最小网点未齐部位，这是控制亮调的重要指标；确定的网点增大值，这是控制中间调的重要指标；确定的相对反差值，这是控制中间调至暗调的重要指标；要稳定车间的环境条件，如温、湿度和看样台光源等，这是不可缺少的条件。按照上述生产条件进行印刷和现场及时测控，使亮度中性灰得以顺利还原。

2. 灰平衡的测控方法

（1）目测比较法。在标准的光源和环境色温下，目测比较印刷画面中的灰色层次和专用色谱中的灰色的差异情况。常用的测控条上都有灰平衡控制块，分别由黄、品红、青三色叠印实地和一个相邻黑实地测标；几种百分比值的黄、品红、青三色叠印测标和一个相邻的灰测标。通过比较叠印色和相邻的黑或灰色，来判断中性灰的还原情况。

（2）密度测量法。用彩色密度计的三种滤色片，

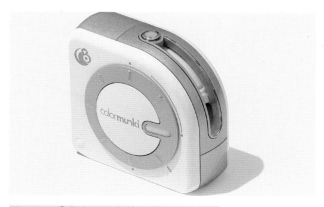

图8-8　潘通公司生产的灰平衡评估工具

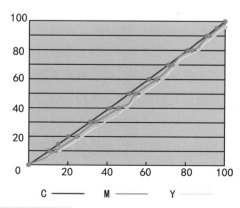

图8-9　灰平衡曲线

分别测量测控条中的灰平衡块或画面中的灰色层次和标准中性灰色块，通过对三色密度进行比较，判断中性灰还原情况。

（3）色度测量法。通过分光光度计或色差计直接测量标准样张和印刷品的图像彩色和灰色部分，比较它们的测量值进行判断（图8-10）。

（a）

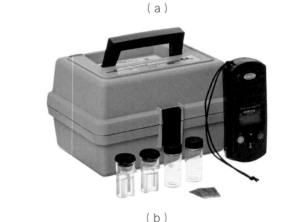

（b）

图8-10　色差计

二、清晰度

作为衡量图像复制质量的重要指标之一，在彩色图像印刷中，清晰度却十分容易受到各种因素的干扰，从而导致图像颜色信息在分解与还原过程中，造成图像中目标轮廓模糊而使清晰度下降（图8-11）。

1. 清晰度的概念

清晰度是指图像细节的清晰程度，可从以下三个方面理解：一是图像明暗层次间，尤其是细小层次间的明暗对比或细微反差是否清晰。二是图像的锐度，也就是层次轮廓边界的虚实程度，其实质是指层次轮廓边界渐变密度的变化宽度，若变化宽度小，则边界清晰，反之变化宽度大则边界发虚。解像力，即分辨景物细部的能力，以一定宽度上所能分辨的平行线条数目来计算，加网的线数越高，则解像力越高，但是需要注意的是，对于具有相同的加网线数的两种印刷品，一种是用照相加网制作，另一种是用电分机激光加网制作，则它们因为加网线数相同而具有同样的解像力，但后者网点光洁，边缘清晰，比前者清晰度更高。三是图像的灰度级，即图像层次对景物质点的分辨力或细微层次质感的精细程度，灰度级越多，则景物质点表现得越细致，清晰度越高。

2. 影响清晰度的主要因素

影响图像清晰度的因素主要有印前图像处理工艺过程和印刷工艺过程两个方面。前者主要包括原稿的清晰度、扫描仪的频率响应、图像扫描过程、光学系统的误差、图像网点化；而印刷工艺过程的影响因素主要包括印刷图像的反差压缩、印刷过程的套印误差、网点变形和印刷材料的性能。图像清晰度的增强主要取决于印前处理工艺，而印刷工艺过程不能增强图像的清晰度，只会使图像的清晰度下降。控制印刷

（a）

（b）

图8-11　不同清晰度的印刷品

工艺过程中图像清晰度的下降，是印刷机操作员所必须关注的问题。

（1）套印准确程度。由黄、品红、青、黑四色叠印合成的彩色图像，由于四色之间的套印误差，各色版之间出现平行错位，使得图像层次轮廓边界渐变密度的变化宽度变大，从而使边界发虚，影响了合成图像的清晰度。因此，印刷过程即便套印误差在允许的范围内，也要尽可能地提高彩色印刷的套印精度（图8-12）。

（2）网点变形。在胶版印刷过程中，在一定范围内的网点增大是正常的。但是，如果网点增大值过大，就会使图像的层次减少，层次边界发虚，从而使图像的清晰度下降。网点光洁，边缘锐度好，图像清晰度高。印刷过程中网点发生变形，尤其是发生重影故障，网点出现虚影，会严重影响清晰度。控制印刷过程的网点变化，是保证印刷质量的关键，它不仅影响再现图像的层次和色彩，也影响图像的清晰度。

（3）反差压缩。印刷复制出的图像的反差通常都低于原稿反差，为此必须对原稿反差进行压缩，从而导致视觉对比灵敏度的降低，使图像的清晰度下降。印刷过程中墨层厚度的控制、承印物的表面性能等都会影响到最终印刷品的反差大小，实地密度不足会使图像的清晰度下降，但也不能一味地提高实地密度，导致暗调层次并糊，最佳的实地密度应该是相对反差最大时的实地密度。

（4）印刷材料。人们发现，在纸张上印刷的网目调印刷品比在无散射承印材料上印刷的网目调印刷品显得更模糊一些，尤其是非涂料纸更为明显。由于纸张具有光扩散现象，网点之间的空白处进入纸张内部的光会有部分从网点处穿出，越靠近网点的边缘，越要过滤更多的从空白部分扩散反射的光线，穿出的光也就越强，造成网点边缘部分的密度低，中间部分密度高，出现横跨网点密度的不均匀分布。而且在网点边缘的空白处也有一定密度，即网点发生了所谓的光学扩大现象。即便是物理上整洁的网点，印在光散射程度越严重的纸张上，从视觉上看，网点边缘的锐度越差，图像的清晰度也就越差。要获得高清晰度的印品，应采用表面平滑度高、光泽度高的涂料纸印刷。

（a） （b）

图8-12 套印错误

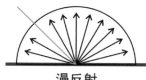
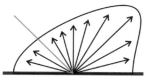

图8-13 入射光的三种反射形式

图8-14 印刷品的光泽

图8-15 不同平滑度的纸张

三、光泽度

入射光在不透明物体表面的反射形式可分为三种：定向反射、漫反射和介于两者之间的反射形式。理想的光学平滑面的反射形式是定向反射，也叫镜面反射。漫反射指入射光在不透明表面上方的半空间范围内形成均匀的反射，各个角度的反射量都一样（图8-13）。物体表面的镜面反射能力与完全镜面反射能力的接近程度称为光泽。反射光在反射角方向所占的比例越大，越接近于镜面反射，物体表面的光泽越好（图8-14）。

1. 光泽对印刷质量的影响

印迹墨层表面粗糙，首层表面反射光（光源色）将朝各个方向作漫反射，在我们观察到的色光中，首层表面反射光的掺入量大，颜色的饱和度低，明度高。反之，墨膜表面平滑，光泽好，虽然光泽对色相无明显影响，但能使色彩的饱和度增加；使色彩的明度降低、暗调密度增加、反差拉大，增强细微层次表现能力，于是画面的色彩显得更加鲜艳，图像更有立体感。如有光泽的黑色会比亚光的黑色显得更深，而有光泽的黄色则比亚光的黄色显得更强烈。

2. 影响印刷品光泽的因素

在印刷中，墨膜表面的平整程度，决定了表面的镜面反射能力，也就决定了印迹的光泽程度。凡是能使印迹表面变得平滑，从而形成"镜面反射"的材料和方法都对表面光泽有利。反之，使印迹表面粗糙，构成"漫反射"的材料和方法，都会削弱光泽。而印迹墨膜平整程度与以下因素有关：

（1）纸张

1）纸张本身的平滑度。油墨从橡皮布转移到纸张上至正式干燥前，在纸面上有一定的流动性。当油墨和印刷条件一定时，纸张的平滑度高，油墨转移完整，油墨流平程度好，有利于形成均匀光滑的墨膜，印迹光泽好。因此，要获得高光泽的印刷效果，应该选用高平滑度的纸张（图8-15）。

2）纸张光泽度。无论是快干油墨还是慢干油墨，印刷品光泽度均随纸张本身光泽度提高而提高。在实际印刷中，要印刷高光泽的印刷品，一般选用高光泽的纸张。

3）纸张的吸墨性和施胶度。吸墨性好，更多的连结料渗透到纸张毛细管中去，连结料在墨膜中的比例减少，墨膜表面更加粗糙不平，不利于形成光泽。涂料纸如无足够的胶料量，尽管平滑度很高，但无数密集的毛细孔对油墨连结料的吸收性仍然很强，印刷时不易得到高光泽印迹。经过胶料处理或压光、轧光处理的涂料纸，通过胶料和加工，封闭了一部分毛细孔，从而使纸上的印迹光泽更好。单、双面胶版纸，通过施胶，控制了纸张对水分的吸收程度，疏水性强，有利于油墨干燥，对印迹光泽有利。纸张的pH稍大，有利于油墨干燥，有利于印迹光泽。

（2）油墨

1）油墨的类型。油墨有不同的类型，有树脂亮光油墨，有亚光类油墨，油墨本身的光泽性能对印迹光泽影响很大，要想获得光泽好的印刷品，应选用高光泽一类的油墨（图8-16、图8-17）。亮光浆是由光泽度很高的原材料加工而成，采用亮光浆作冲淡剂调配的浅色墨印迹光泽好。此外，加入撤淡剂调配浅色墨也能提高印迹光泽，但采用白墨作冲淡剂，印迹光泽差。

2）颜料颗粒的大小及分散程度。油墨中颜料含量高、颗粒小、分散好，有利于油墨在纸张上渗透过程中墨膜内形成更多的小毛细管，减少连结料向纸张的渗透量，有利于光泽。

3）油墨的干燥性。如果油墨氧化结膜干燥速度太慢，会有更多的连结料渗入到纸张毛细管中，墨膜表面的平滑度变差，不利于光泽，油墨中催干剂含量高或印刷时适量添加催干剂，加快油墨的氧化结膜干燥速度，有利于光泽。

4）油墨的黏度。减少油墨的黏度会加大油墨对纸张的渗透，降低印迹光泽。

（3）印刷工艺

1）墨膜厚度。是影响印刷品光泽的重要因素，在纸张最大限度吸收油墨的连结料以后，剩余的连结料仍保留在墨膜中，它可以有效地提高印刷品的光泽，墨膜越厚，剩余的连结料越多，越有利于提高印迹的光泽。

2）油墨乳化程度。乳化了的油墨必须在水分蒸发后才能干燥，因此它一方面使氧化结膜干燥变慢、渗透加大；另一方面又使墨膜表面形成许多微孔，降低了光泽。因此减少供水量，尽量减少乳化程度对光泽十分重要。同样道理，"湿"式上光，因为上光油含有乳化的润湿液，效果远不如"干"式上光效果好。

3）印刷压力。减少压力可以减少油墨中连结料的渗透，有利于光泽。印刷压力对吸收能力小的涂料纸的印述光泽性能影响较小，对于非涂料纸，增加印刷压力，会增加连结料渗透，降低印迹光泽。

4）喷粉和防蹭脏剂。粉末喷到湿墨印迹上，使墨层表面结膜粗糙，降低了原有的光泽。在油墨中添加防蹭脏剂，印刷后，会浮在油墨层表面形成一层不可逆的"垫子"，从而减少印品的蹭脏，但也使表面变得粗糙，影响光泽。

5）油墨的干燥控制。在印刷中，若油墨氧化结膜干燥速度太慢，会有更多的连结料渗入到纸张毛细管中，使墨膜表层颜料比例增加，表面的平滑度变差，不利于光泽，因此印刷工艺条件中影响油墨氧化结膜的因素也就影响印迹的光泽。减少乳化程度、适量添加催干剂、控制环境温、湿度和空气流通性，加

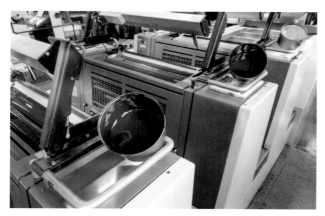

图8-16　亮光油墨

图8-17　亚光类油墨

图8-18 油墨的干燥

图8-19 覆膜后的印刷品

快油墨的氧化结膜干燥速度，有利于光泽（图8-18）。

（4）通过表面处理提高印品光泽。在印刷中，可以通过后续的上光、覆膜等表面整饰加工来提高光泽，而且墨膜或涂布层反射的光泽会产生同样的效果。在单张纸胶印机中，在印刷机器上加装涂布机组的趋势不断增长，因为通过涂布，可以大幅度提高印刷品的光泽（图8-19）。

课后练习

1. 什么是主观评价？
2. 什么是客观评价？
3. 简述分光光度仪工作原理。
4. 总结实现灰平衡的方法。
5. 思考清晰度是否是个相对的概念，为什么？
6. 以小组为单位简易地完成1次对印刷品的质量检测并做出报告。

参考文献
REFERENCES

1. 刘扬. 印刷设计. 重庆：西南师范大学出版社，2009.

2. 刘真，邢洁芳，邓术军. 印刷概论. 北京：印刷工业出版社，2008.

3. 张雨. 印刷工艺. 北京：人民美术出版社，2011.

4. ［美］赫谢尔，［美］迈克尔. 印刷质量管理. 程常现，刘铁庄译，
   北京：印刷工业出版社，2007.

5. 陈蕴智. 印刷材料学. 北京：中国轻工业出版社，2011.

6. 石慧，张晓菲，张晓川. 印刷工艺. 南京：江苏美术出版社，2013.

7. 丘星星. 印刷工艺实用教程. 北京：清华大学出版社，2010.

8. 刘丽. 印刷工艺设计. 武汉：湖北美术出版社，2008.

9. 李娟. 印刷工艺与实训. 武汉：华中科技大学出版社，2015.

10. 万晓霞，李凌霄. 印前制作与印刷工艺. 武汉：武汉理工大学出版
    社，2006.